山西省蜜源植物花粉形态与蜂蜜孢粉学研究

Pollen Morphology of Nectar Plants and Melissopalynology in Shanxi Province

宋晓彦　著

中国农业大学出版社
·北京·

内 容 简 介

山西省独特的地形和气候条件孕育了丰富的蜜源植物资源，为我国提供了大量优质的蜂产品。蜜源植物花粉形态的研究能为蜂蜜中花粉类型的准确鉴定提供重要的参考依据。蜂蜜孢粉学是孢粉学的一门重要分支学科，广泛应用于鉴定蜂蜜的产地、植物来源、种类和品质。本书详细介绍了山西省部分常见蜜源植物的花粉形态，并首次开展了山西省蜂蜜孢粉学的研究，以期为广大蜂农、养蜂企业和蜂蜜消费者提供科学的理论指导。

图书在版编目(CIP)数据

山西省蜜源植物花粉形态与蜂蜜孢粉学研究/宋晓彦著，—北京：中国农业大学出版社，2013.12

ISBN 978-7-5655-0875-2

Ⅰ.①山…　Ⅱ.①宋…　Ⅲ.①蜜粉源植物-花粉-形态-研究 ②蜂蜜-孢粉学-研究　Ⅳ.①S897②Q944.571

中国版本图书馆 CIP 数据核字(2013)第 296822 号

书　　名　山西省蜜源植物花粉形态与蜂蜜孢粉学研究

作　　者　宋晓彦　著

策划编辑　梁爱荣　　**责任编辑**　梁爱荣

封面设计　郑　川　　**责任校对**　王晓凤　陈　莹

出版发行　中国农业大学出版社

社　　址　北京市海淀区圆明园西路 2 号　　**邮政编码**　100193

电　　话　发行部 010-62818525,8625　　读者服务部 010-62732336

编辑部 010-62732617,2618　　出　版　部 010-62733440

网　　址　http://www.cau.edu.cn/caup　　**e-mail** cbsszs@cau.edu.cn

经　　销　新华书店

印　　刷　涿州市星河印刷有限公司

版　　次　2013 年 12 月第 1 版　　2013 年 12 月第 1 次印刷

规　　格　850×1 168　32 开本　5.375 印张　130 千字　彩插 9

定　　价　28.00 元

前　言

蜜源植物能为蜜蜂提供花蜜、蜜露和花粉，为人类生产蜂蜜、蜂蜡和蜂王浆等产品，是开展养蜂业的物质基础。蜜源植物资源的分布、面积以及种类等决定了一个地区养蜂业的发展。因此，对蜜源植物资源的调查和了解是开展养蜂业的前提和基础。

蜜源植物花粉形态的研究，是鉴定蜜源植物花粉类别、确定蜂蜜质量级别的重要手段，并且对检验花粉有无毒性及致敏花粉的含量具有很重要的参考价值。我们只有在了解蜜源植物花粉形态特征的基础上，才能对其类别和蜂蜜中花粉进行准确的鉴定，所以了解和掌握蜜源植物的花粉形态特征是鉴定蜂产品质量的关键。

蜂蜜是一种纯天然、无污染的营养保健食品，花粉是天然蜂蜜的重要标志。然而，蜂蜜掺假和与商品标签不符的现象在世界各国普遍存在，消费者对蜂蜜的食用安全产生了担忧。蜂蜜孢粉学是研究蜂蜜中花粉的科学，是孢粉学的一个重要分支。蜂蜜孢粉学的研究可以指导养蜂业的发展，可以检测蜂蜜的品质，也可以确定蜂蜜的产地与种类，还可以检验蜂蜜中是否存在有毒花粉以及蜂蜜是否掺假，从而确保消费者的食用安全。

山西省位于西北黄土高原，南北狭长，境内山谷纵横，地形复杂，山地及丘陵面积占多数，海拔高度相差较大，气候属典型的温带大陆性季风气候。独特的地形和典型的季风气候，孕育了丰富的蜜源植物资源，因而有“华北蜜库”之美称。因此，山西是养蜂得天独厚的好地方，也是我国优质蜂产品的重要基地。养蜂业在山西具有极大的市场价值和经济效益，具有广阔的发展前景。

鉴于山西省蜜源植物资源丰富和养蜂业发展前景较好，笔者在山西首次开展了蜂蜜孢粉学研究，希望能给当地蜂农、养蜂企业以及消费者的食用安全提供科学的指导，从而达到促进山西养蜂业发展和提高经济效益的目的。本书是笔者近年来开展蜂蜜孢粉学研究的阶段性成果总结，共分五章。第一章是对山西省自然条件的概述，正是山西独特的地理位置和气候条件才孕育了山西丰富的蜜源植物资源。第二章是对山西省蜜源植物的基本介绍，整理了笔者在野外调查时所拍摄的蜜源植物照片，并对其进行简要介绍。第三章是对山西省蜜源植物花粉形态的研究，对笔者所采集到的蜜源植物花粉形态进行了光学显微镜和扫描电镜的观察，并对其花粉形态进行了基本描述。第四章是对蜂蜜孢粉学研究的概述，总结了国外对于蜂蜜孢粉学研究的进展，指出了我国蜂蜜孢粉学研究的不足以及今后蜂蜜孢粉学研究的重点。第五章是山西省蜂蜜孢粉学研究，对笔者在山西境内采集到的蜂蜜样品进行了定性和定量的分析，确定了蜂蜜的等级和品质。

本项研究的顺利开展得到了山西省青年基金项目(2010021032-2)、山西省引进人才专项基金项目和山西农业大学博士科研启动金的资助。

本书的编写受水平和条件所限，难免有所疏漏，敬请不吝赐教。

宋晓彦
2013.10.9

目　　录

第一章　山西省自然地理概况

第一节　地理位置

山西位于华北平原西缘，黄河中游东侧，黄土高原东部，以在太行山之西而被命名为山西，通称山西高原。春秋时期，大部分地区为晋国所有，所以简称“晋”。战国初期，晋国被韩、赵、魏三家瓜分，因而又称“三晋”。

山西面积约为 15.63 万 km^2，地理坐标为北纬 34°36′～40°44′，东经 110°15′～114°32′。其东部和东南部以太行山为界，与河北、河南两省为邻，西部和西南部与陕西省、河南省相隔黄河而望，北部以长城为屏障与内蒙古地区毗邻。境内东北高，最高处为五台山的叶斗峰（海拔 3 058 m），西南低，最低处为南部垣曲境内的西阳河口（海拔约 180 m），南北长（长约 670 km），东西窄（宽约 370 km），近似一个拉长的平行四边形（马子清，2001）（图 1-1）。

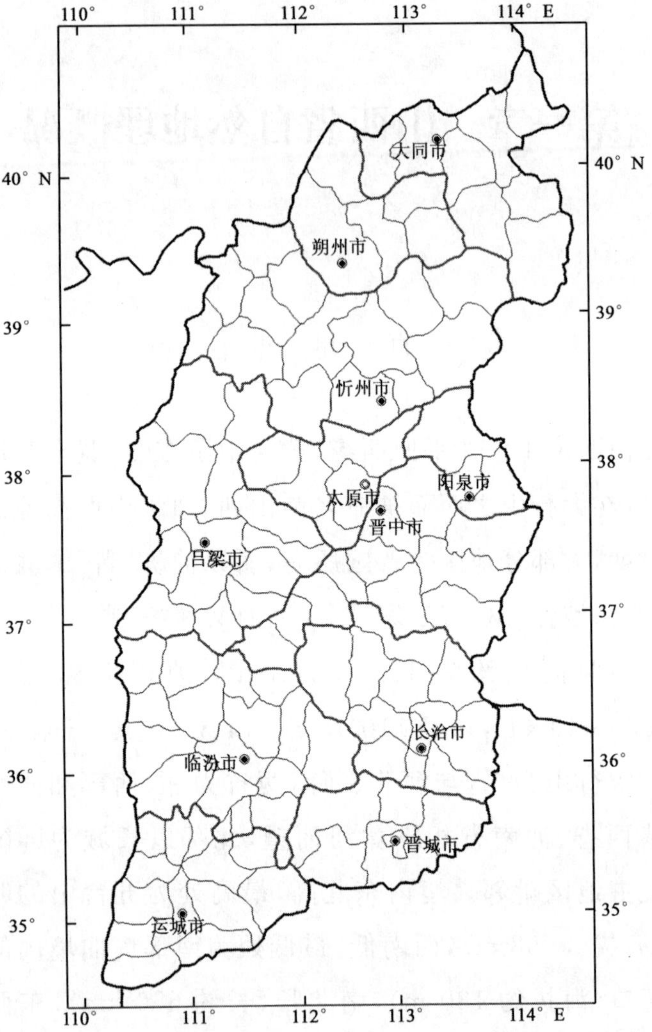

图 1-1　山西省地图

(引自山西省农业气候资源图集,1990)

第二节　气候条件

山西地处内陆，位于我国东部温带与暖温带地区，南北狭长，气候四季较分明，属温带大陆性季风气候。山西气候南北不同，以恒山为界，南部属于暖温带气候亚带，北部属于中温带气候亚带（钱林清等，1991）。

山西的夏季温度高，降雨量大，雨热同季，是典型的东亚季风气候特征，之所以在夏季形成这种气候，是因为受东南湿热气团的影响。温度和降水由东南向西北逐步降低，在从南向北的过程中，海洋季风由于被中条山、太岳山和太行山等山脉阻挡，其强度由南向北逐渐减弱，所以相应的气候和降水也发生了变化，因而逐渐降低。山西冬季寒冷干燥，并且持续时间比较长，是受到西伯利亚冷气团的影响而造成，该冷气团由西北长驱直入，影响远较海洋季风强烈，所以山西大陆性气候较明显。

一、光照

太阳辐射是生物圈各种生命活动的能量源泉，太阳辐射的多少取决于地理条件和日照状况等。所以太阳辐射除了受到纬度和海拔高度影响外，当地天气及气候条件对其的影响也非常大，如太阳高度、云量多少和大气透明度等。

1. 太阳辐射总量

太阳辐射总量指的是到达地面的太阳总辐射能，指水平面上单位时间、单位面积接收到的太阳总辐射，是由太阳直接辐射和天空散射辐射两部分组成。

山西省各地年太阳总辐射量大致在 4 900～6 000 MJ/m^2。晋中和晋西北等地区的太阳总辐射量相对较高，大约为 5 860 MJ/m^2，而晋南和晋东南地区的太阳总辐射量要低一些。全省年太阳总辐射总量最大的地方在右玉，其值为 5 988.48 MJ/m^2，而最小值在运城，其年太阳辐射总量为 4 907.47 MJ/m^2。总而言之，山西各地年太阳辐射总量呈现北部多于南部的分布规律(图 1-2)。

全省年太阳辐射总量季节变化明显，但是整体趋势仍是北部多于南部。太阳辐射总量在年内间的分布是春夏季节多于秋冬季节，其中以夏季 7 月的太阳辐射总量最多，而冬季 1 月最低，春季 4 月和秋季 10 月介于两者之间。

冬季 1 月、春季 4 月太阳辐射总量最多的地区是海拔最高的五台山一带，最少的地区是晋南的运城一带。夏季 7 月太阳辐射总量最多的地区是右玉、保德和临县一带，最少的地区在昔阳和沁源一带。秋季 10 月太阳辐

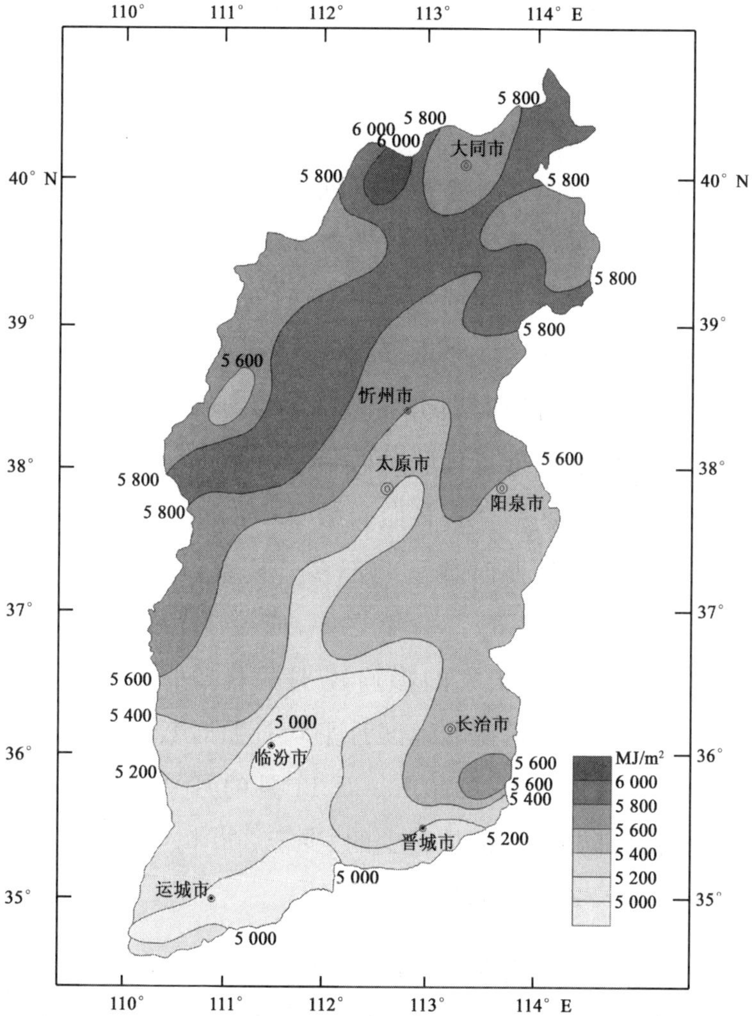

图 1-2　山西省太阳年总辐射量分布图

(引自山西气候资源图集,1997)

射总量最多的地区是右玉、朔州和繁峙一带,最少的地区仍在运城一带。

2. 日照时数

日照时数即为地面实际受到太阳光照射的时数。日照时数的长短对植物的生长发育和形态器官的建成都有很重要的影响。日照时数的长短不仅受纬度、地理位置和季节的影响而产生变化,同时也受地形和云量的影响。

山西省年日照时数分布范围为 2 200～3 000 h。左云和右玉两县是全省日照时数最多的地方,长达 2 900 h 以上。运城地区是全省日照时数最少的地方,为 2 230 h 左右。省境内日照时数呈北部多于南部,山地多于盆地的趋势分布(图 1-3)。一年之中,应该 7 月日照时数最多,但是受云量和天气的影响,7 月的日照时数反而不及 5、6 月多。5、6 月,南北地区月平均日照时数分别能达到 230～260 h 和 270～290 h。而 11 月的月平均日照时数在全省大部分地区都是最少的,少于 200 h。

3. 光合有效辐射

植物在光合作用中,光谱范围在 0.38～0.71 μm 的能量才能被植物同化吸收,所以通常把这个范围内的光谱带称为植物吸收的光合有效辐射。有效辐射的多少受云量、大气湿度和地面温度的影响,当云量和空气湿度增

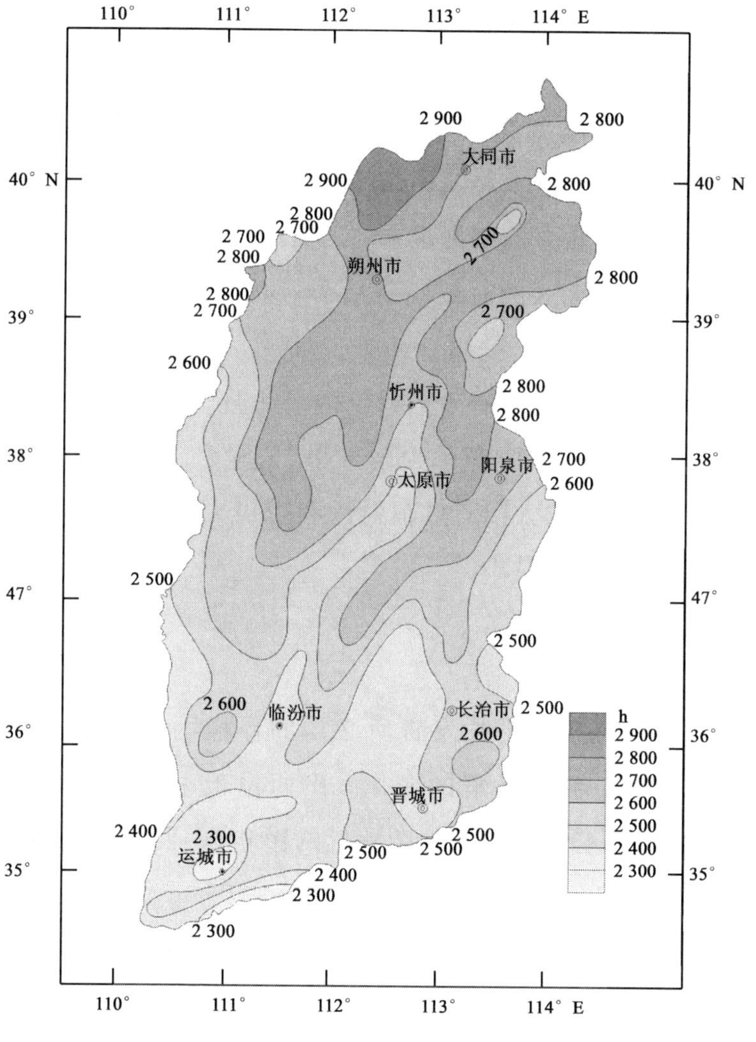

图 1-3　山西省年日照时数分布图

(引自山西气候资源图集,1997)

大时，有效辐射就减少。

山西省各地年有效辐射的变化规律和年太阳辐射总量的变化规律一致，都是从北向南逐渐减少。这种变化和省内云量和湿度从北向南增加的趋势是一致的。山西大同地区的年有效辐射最大，约为 2 164.58 MJ/m^2；而晋东南长治等地区的有效辐射最小，约为 1 858.94 MJ/m^2（图 1-4）。

山西省内太阳有效辐射年内变化规律与气候条件有很大的关系。山西春季少雨干旱，云量和湿度小于其他季节，所以年内太阳有效辐射以春季最大，夏季和秋季接近而次之，冬季最小。

二、温度

温度是植物生长发育所必需的环境因子之一，决定了植物的分布及类群的变化。山西位于中纬度地区，气候类型单一，但是受到复杂地形的影响，山西的气温变化也非常复杂。

1. 年均气温

全省气温平均为 3.7～13.8℃，在水平方向上从北向南气温由凉变暖，但是山西地形复杂，省内气温受地形影响比较大，变化也比较复杂，体现了明显的垂直性变化。

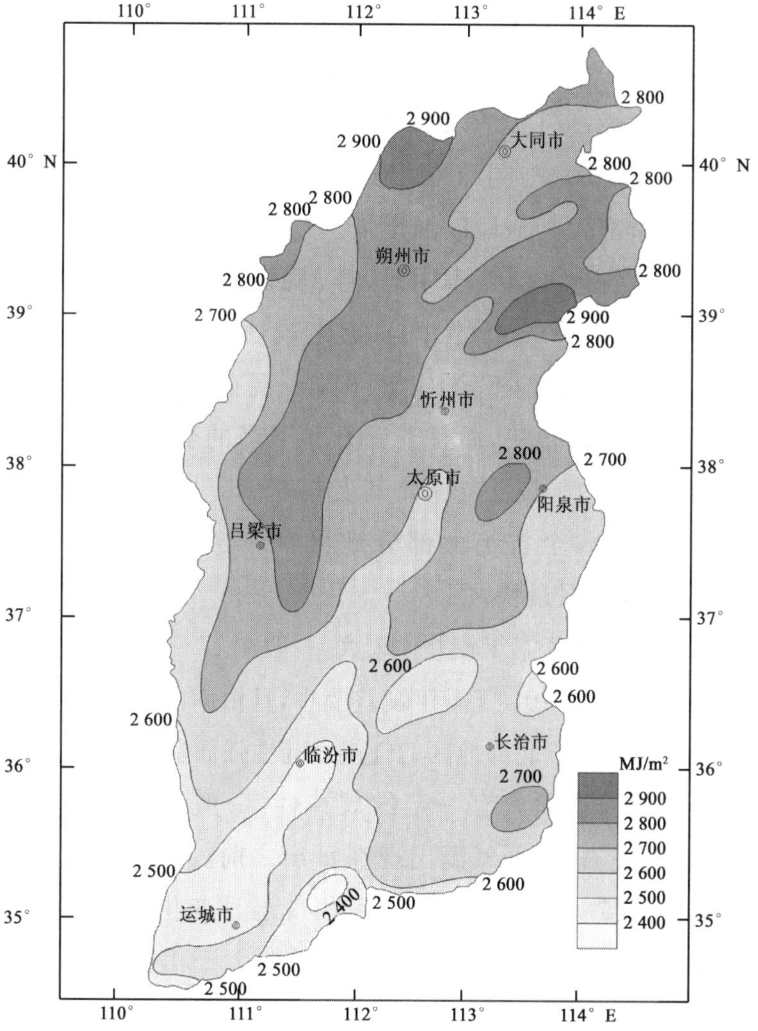

图 1-4　山西省年光合有效辐射分布图

（引自山西气候资源图集，1997）

全省高原、山地寒冷；盆地、河谷温暖。南北温差较大，最高可达15℃，但是夏季温差要小于冬季。山西省大部分地区年均最高气温在12～20℃；年均最低气温在－8～－4℃(图1-5)。与同纬度相比，由于地形的原因，山西冬季和夏季都较其他地区温度低。

山西省内气温四季明显，春、秋季气温的月际变化较大，而夏、冬季气温的月际变化较小。最冷月一般在1月，最热月出现在7月。年平均气温在春季上升和秋季下降的变化都很快，而且其上升和下降的变幅，北部地区较南部地区大，并且越往北其变幅越大。山西境内春、秋季节非常短，全省绝大部分地区3～4月升温最快，而10～11月降温最快。

山西各地气温年较差比较大，一般在27～35℃。南部与北部和西北部相比，气温年较差要小，且由南向北逐步递增，这种现象是由于北部地区的气候大陆性强而造成的。

气温日变化具有一定的规律性，一般最高气温出现在15时左右，最低气温出现在日出之前。北部地区的气温日变化要大于南部地区。山西气温日变化同时受到地形的影响，所以盆地的气温日变化要大于山区的气温日变化；阳坡的气温日变化要大于阴坡的气温日变化。

2. 无霜期

无霜期指的是春季最后一次地面最低温度≤0℃的次

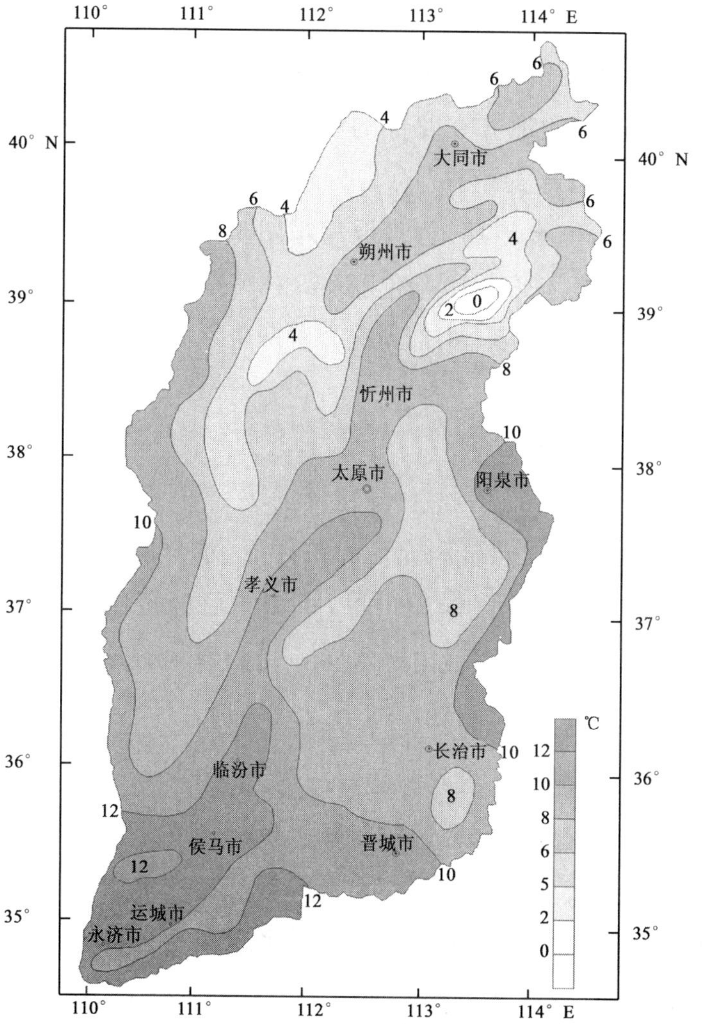

图 1-5　山西年均气温分布图

(引自山西省地图集,1995)

日到秋季最先一次地面最低温度≤0℃前1日之间的持续天数，也叫无霜冻期。山西省各地无霜期在120～220天，无霜期最短的地方在北部的右玉，为113天；无霜期最长的地方在南部的垣曲，为239天。省内南部地区无霜期长，北部地区无霜期短；盆地无霜期长，而山地无霜期短。省内南部地区平均无霜期可达到180天以上，而北部地区无霜期少于160天，中部地区介于两者之间(图1-6)。

三、水分

水分是制约植物生长发育的另一个重要的环境因子，特别是在光热资源充足的条件下，水分的重要性显得尤为重要。山西气候较干旱，水资源已经成为当地发展的限制因子。山西境内降水除了受到季风强弱和持续时间长短之外，还受到地形和地势的影响。

1. 年降水量

山西省大部分地区的年降水量为400～650 mm。但是由于大气环流与地形的影响，降水量在地区间分布极不均匀，降水量呈现从东南到西北逐渐递减的趋势。一般而言，省内降水量东部地区多于西部地区，而南部地区要多于北部地区。山西的多雨区，年降水量为600～700 mm，分布在晋东大部分地区、临汾东山区、晋中东山

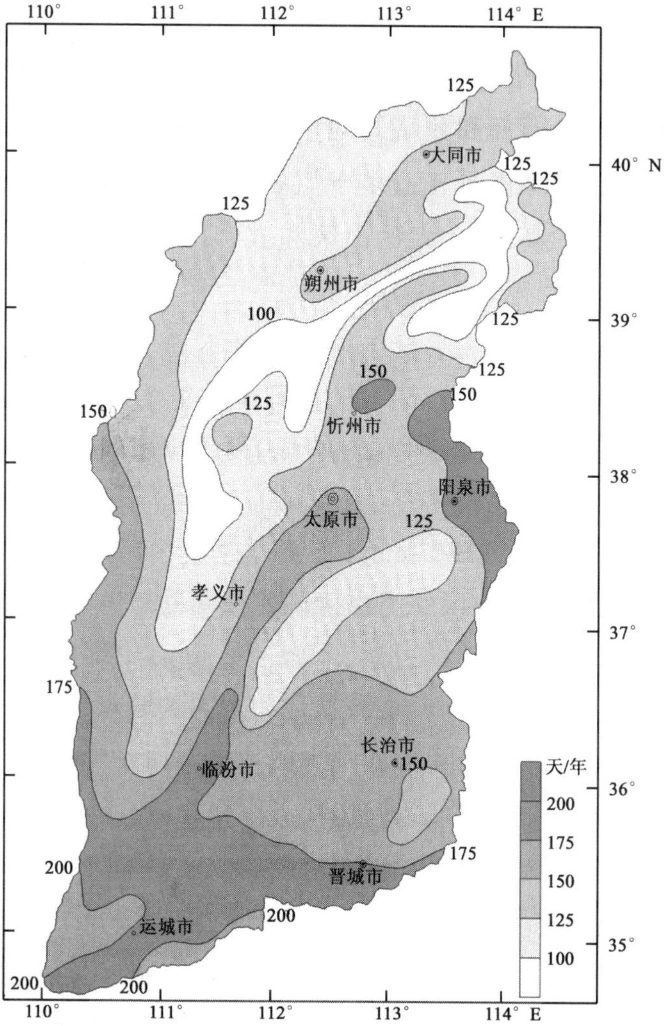

图 1-6　山西省无霜期分布图

（引自山西省地图集，1995）

区以及吕梁山海拔 1 500 m 以上的山区。山西的少雨区，年降水量不足 400 mm，分布在忻定盆地、大同盆地及平鲁地区西部和繁峙等地。由于受到地形的影响，山西境内山地降雨量普遍多于川谷。中条山东段、关帝山和芦芽山的高山区、太岳山区和五台山顶都属于境内的多雨区，年降雨量可达 700 mm 以上（图 1-7）。

山西省内降水量年内分配极不均匀，季节变化非常明显。一般而言，干季是 10 月至次年 3 月，湿季是 6～8 月。所以山西省冬季干旱少雨，夏季雨水较多，春季雨水较秋季少。全省春季降雨量在 55～120 mm；秋季降水量大部分在 60～180 mm。而夏季是省内降水量非常集中的季节，吕梁山区的高山区降水量可达 350 mm 以上，东山区绝大部分地区可达 350～400 mm，中部各盆地降水量在 250～300 mm，运城盆地和大同盆地降水量为 200～250 mm，是夏季降水量最少的地区。而且降雨量随地形而变化，南部多于北部，山地多于川谷。

2. 蒸发量

山西境内大部分地区的蒸发量介于 600～800 mm。地区分布呈现出北部少于南部，山区少于盆地的趋势。运城地区年蒸发量最大，超过 800 mm，居全省之首。省境内东北部地区的五台山附近是全省蒸发量最小的地方（图 1-8）。

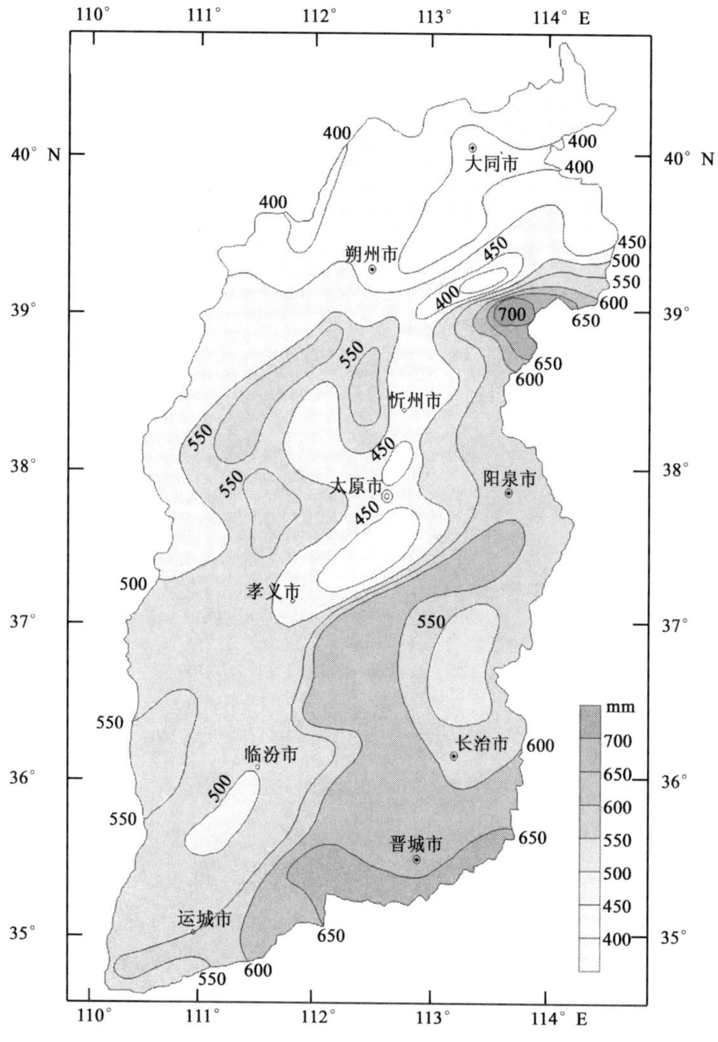

图 1-7　山西年降水量分布图

（引自山西省地图集，1995）

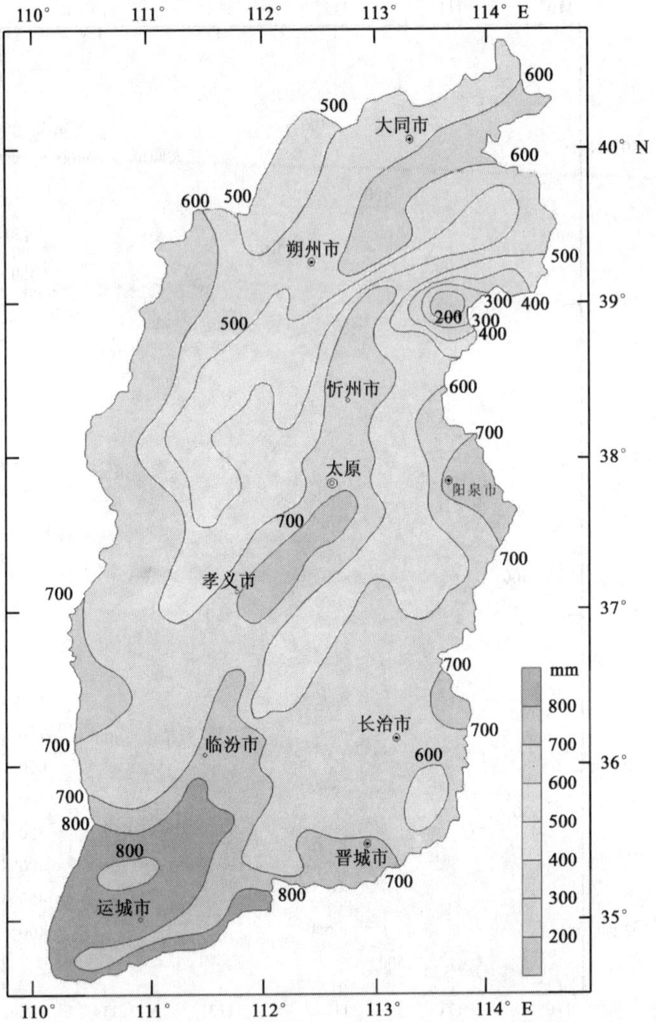

图 1-8 山西年蒸发量分布图

(引自山西省地图集,1995)

省境内蒸发量还有明显的季节性变化，大部分地区蒸发量最多的时间段是春夏季节的5、6月，蒸发量最小的时间段是冬季的12月至次年1月。蒸发量的变化趋势和山西干湿季节间变化趋势相契合。

第三节 地形地貌

地貌指的是地表的起伏面貌，而地貌的类型和轮廓是由构造运动所决定的。山西省由于多次造山运动，所以形成了山地、丘陵、高原、台地、平原等复杂多样的地貌类型。山地、丘陵和盆地平原的面积分别为62 488 km^2、62 963 km^2和30 816 km^2，分别占全省总面积的40%、40.3%和19.7%。山西境内地势由南向北、由东向西逐渐升高，地表坡度很大，形成了复杂多样的类型（韩军青等，1992）。

一、山地

山西省境内的山地分东、西两部分，东部山地以太行山为主体，西部山地以吕梁山为主脊。形成山西境内的两大山地部分。

1. 太行山系

太行山起于北京，经河北而入山西，在山西省境内长

400 km以上，宽40～50 km，海拔高度大多在1 800 m以上。太行山是山西、河南和河北的分界山，同时也是黄土高原与华北平原的分界线。

太行山的主要支脉包括六棱山、恒山、五台山、系舟山、太岳山和中条山等。六棱山海拔高度为1 500～2 300 m，相对高度500～1 000 m。恒山海拔高度大部分在1 800～2 000 m，相对高度800～1 400 m。恒山在省内长达200 km，宽20～30 km。恒山是大同盆地和忻定盆地的分界山，同时也是温带草原和暖温带落叶阔叶林的分界线。五台山海拔高度为1 500～3 058 m，相对高度1 000～1 500 m。五台山长约150 km，宽30～50 km。因其海拔高，所以植被垂直分带比较明显。系舟山海拔高度为1 800～2 100 m，相对高度1 000 m。系舟山是忻定盆地和太原盆地的分界山。太岳山主峰海拔为2 346 m，西陡东缓，东部相对高差仅500 m。太岳山长约200 km，宽约30 km，东段与太行山相接，西段与太原盆地和临汾盆地相接。中条山主峰舜王坪，海拔高度约为2 322 m。中条山长约170 km，宽10～30 km，相对高度差600～1 000 m。

2. 吕梁山系

吕梁山长约400 km，海拔为2 000～2 700 m。包括芦芽山、云中山、管涔山、关帝山、石楼山、五鹿山、高天山和龙门山等山脉。其中，芦芽山、云中山和管涔山位于吕梁山北段，三者海拔均在 2 400 m 以上。关帝山位于吕梁山中段，主峰高 2 813 m，相对高差 1 200～1 500 m。石楼山、五鹿山、高天山和龙门山等山脉位于吕梁山南段，海拔高度为 1 100～2 000 m，相对高度为 600～1 000 m。

二、盆地

山西境内盆地包括太行山系和吕梁山系形成的山间盆地以及中部盆地区。

1. 太行山系和吕梁山系形成的山间盆地

太行山系各大山脉之间构成多个山间盆地，包括广灵、灵丘、五台、盂县、寿阳、黎城、潞城、长治和高平盆地等。盆地海拔高度为 900～1 000 m。吕梁山系之中的云中山、芦芽山和关帝山之间形成了静乐盆地，海拔高度为 1 300 m 左右，相对高差 200～300 m。

2. 中部盆地区

山西中部从东北向西南形成了一系列雁行排列的断陷盆地，包括大同盆地、忻定盆地、太原盆地、临汾盆地和运城盆地。各盆地从南到北海拔高度差异较大，海拔最低的为运城盆地，仅为 300～400 m，最高的为大同盆地，达到 1 000～1 200 m。由于山西纬度地带性的差异，各盆地的气候条件差别也很大。造成了种植制度的不同，由南部盆地到中部盆地，种植制度由一年两熟区变为两年三熟区，而北部盆地则为一年一熟区。

三、高原丘陵

1. 晋西北高原丘陵

晋西北高原丘陵区位于雁北地区西部，整个地区是一个起伏和缓的高原区域区，相差高度在 200 m 以下，海拔 1 300～1 500 m。包括内外长城与采凉山、七峰山和洪涛山以西之间的地区。

2. 晋西高原丘沟壑区

晋西高原丘沟壑区属于我国黄土高原的东部，包括我省西部，内长城以南、吕梁山和黄河之间的广大地区，海拔为 800～1 500 m。由于黄土地貌继承了古地貌的特征，所以大部分地区黄土覆盖可达 50 m 以上，部分地区如临县和隰县等地甚至达到 100 m 以上。

第四节 植被类型

山西地理位置和地貌的多样性，以及气候和土壤等自然条件的复杂性及其明显的过渡性(温带向暖温带，或亚热带向暖温带过渡),无疑对植被的分布产生深刻的影响,使得山西植物种类丰富,植被类型多样,表现出明显的水平分布和垂直分布的植被地带性规律。独特的地形和气候条件,形成了山西南北差异明显的植被类型。山西境内恒山以北植被属于温带草原地带,以旱生和多年生草本植物组成,为草原和灌木草原。而恒山以南属于暖温带落叶阔叶林地带,山地以中生夏绿阔叶林为主,低山丘陵为阔叶林和灌丛、草丛(马子清等,2001)。

一、植被的水平分布地带性规律

1.温带草原地带

温带草原分布于山西北部,主要由耐旱、耐寒的各种多年生草本植物组成的一种植被类型。山西草原的主要种类为蒿类草原、百里香草原、针茅草原和达乌里胡枝子草原。其主要植物种类包括草类如针茅属、棘豆属、羊茅属和羊草等,灌木、半灌木和小灌木等类群如锦鸡儿、铁杆蒿、冷蒿、百里香、茭蒿和胡枝子等植物类群。

2.暖温带落叶阔叶林带

暖温带落叶阔叶林带分布于山西南部,由于植被差异还可以分为南暖温带落叶阔叶林带和北暖温带落叶阔叶林带两个亚带。南暖温带落叶阔叶林带主要植物类群是阔叶树种，林下伴生有灌木和草本。北暖温带落叶阔叶林带主要植物类群是松属等针叶林及落叶灌木，还包括栎林、杨属和桦属树种，表现为针阔混交林。

二、植被的垂直分布地带性规律

山西境内气候条件各异，土壤类型迥异，地形复杂，植被类型也各不相同，表现出明显的垂直分布规律。省境北部的植被垂直更替规律为亚高山灌丛或亚高山草甸带、高中山针叶林带、针阔叶混交林带、草原带或灌丛带。省境南部的植被垂直更替规律为亚高山草甸带、落叶阔叶林带、低中山针叶林或针阔混交林带、灌丛或草原带，现简要介绍如下。

1. 亚高山草甸带

亚高山草甸带主要由多年生草本植物组成，主要包括苔草属、菊科、豆科、蒿草属和莎草科等植物。省境内主要分布于各大山地林线以上亚高山地区，也包括部分中山地区的草本群落。按照建群种的不同可以分为苔草草甸、蒿草草甸、兰花棘豆草甸和五花草甸等。

2. 针叶林带

针叶林带包括各种以针叶林为主的森林植物群落。省境内针叶林带包括两种，一种是寒温性针叶林，分布于中北部海拔较高的地区，主要由落叶松属、云杉属和冷杉属植物所组成；另一种是温性针叶林，分布于暖温带地区中山和低山丘陵地区，主要由松属的油松、白皮松和侧柏属植物所组成。

3. 针阔混交林带

针阔混交林包括各种以针叶林和阔叶林为主的森林植物类群，分为寒温性针阔混交林和温性针阔混交林两类。寒温性针阔混交林分布于北部海拔 1 700～2 200 m 的寒冷山地，主要由落叶松属、云杉属、桦属和杨属等植物组成。温性针阔叶混交林分布于暖温带的山地和丘陵，海拔为 1 200～2 000 m 的低中山地区，主要由松属、侧柏属、栎属、杨属和桦属等植物组成。

4. 落叶阔叶林带

落叶阔叶林带是以落叶阔叶树种为主的森林植物类群，主要包括山地栎林、山地落叶阔叶杂木林、山地杨桦林。山地栎林主要由辽东栎林、栓皮栎林和槲栎林组成。山地落叶阔叶杂木林主要由板栗林、山茱萸林、青檀林、鹅耳枥、槭和榆杂木林以及漆树、青麸杨林等组成。山地杨桦林主要由白杨林和桦林组成。

5. 灌丛

灌丛是由落叶灌木所组成的植物群落，分为寒温性落叶阔叶灌丛和温性落叶阔叶灌丛两类。寒温性落叶阔叶灌丛分布于省境北部寒温性针叶林之上，与亚高山草甸构成亚高山灌丛草甸，主要植物类群为耐寒的锦鸡儿、金露梅、山柳和绣线菊等。温性落叶阔叶灌丛分布于省境内南北山地和丘陵地区，主要以温带广布的植物类群为主，包括鼠李属、沙棘属、锦鸡儿属、绣线菊属、蔷薇属和连翘属等种类。

第五节　土　　壤

土壤的形成受到许多生态因子的影响，如气候、地形、植被、母质等；而这些生态因子之间又是相互联系共同作用的。山西省地形地貌复杂，气候类型多样，植被类型变异明显，所以形成了山西多样性和复杂性的土壤类型。

山西境内土壤分布呈现明显的垂直地带性和水平地带性分布规律。省境北部，恒山以北为栗钙土，恒山以南为褐土。栗钙土是在温带半干旱气候草原植被下发育的土壤。褐土是在暖温带半湿润半干旱气候旱生型森林和灌丛植被下发育的土壤。因山西地形地貌复杂，同一地区，气候、植被类型都很多样，所以同为北部地区，海拔高度不同，形成的土壤类型也有差异，呈现明显的垂直分带。另外，省境内还有部分土壤类型并没有明显的地带性分布(刘耀宗等，1992)。

一、山西土壤的水平分布地带性

1. 褐土

褐土是山西省主要的地带性土壤，分布于省境内恒山以南、吕梁山以东等地。广泛分布于忻定、晋中、临汾、运城、长治和晋城等盆地。该地区处于亚热带森林气候向温带草原气候过渡地带，受该地区温暖湿润、昼夜温差较大的气候条件影响，形成的土壤矿物质含量丰富。

山西地形狭长，褐土所覆盖的范围较大，所以南北褐土由于气候、地形等条件的不同也表现出不同的褐土类型。忻州、太原和晋中一带，褐土发育程度不完善，形成淡褐土类型。该类型土壤有机质含量为 0.7%～0.9%，土壤较干旱，淋溶作用弱，是褐土和栗钙土之间的过渡性土壤。晋南和晋东南一带，土壤中碳酸钙含量较高，发育为碳酸盐褐土。该类型土壤有机质含量较高，为 0.7%～1.2%。

2. 栗褐土

栗褐土广泛分布于省境内吕梁山以西、恒山以北、桑干河以南和洪涛山以西的黄土高原区。该区域气候寒冷干燥,侵蚀现象较为严重。造成土壤结构较差,颗粒粗,孔隙大,有机质含量低。由北向南,随着气候条件和植被类型的差异,同为栗褐土的土壤类型也有部分变化,土壤颗粒由粗到细,土壤质地由沙质土逐渐向壤土转变。

3. 栗钙土

栗钙土在省境内分布于大同盆地。该地区气候冷干、温差较大,侵蚀现象较为严重,温度低,降雨量少。造成土壤结构较差,土壤颗粒为沙质较大且粗,有机质含量很低,仅为0.5%~0.7%。

二、山西土壤的垂直分布地带性

山西境内地形复杂,气候变化明显,植被类型多样。所以形成了各地区独特的土壤类型,同时使得土壤在各地区的垂直带上也表现出明显的差异现象。如省境内北部五台山土壤的垂直分布为:亚高山草甸土、山地草甸土、棕壤、淋溶褐土、褐土性土。省境内南部中条山土壤的垂直分布为:山地草甸土、棕壤、淋溶性褐土、褐土性土等。现简单介绍如下。

1. 亚高山草甸土

亚高山草甸土分布于省境内海拔在2 700 m以上的山顶平台,如五台山和管涔山的山顶。该区域海拔高,温度低，雨量大，无霜期短，自然植被主要是蒿草草甸，具有特定的生物气候条件。土壤结构较好，保水性能非常好。土壤质地为壤土，团粒结构，有机质含量可达6%以上。

2. 山地草甸土

山地草甸土分布于省境内海拔1 900～2 700 m的山顶平台和缓坡处，包括山地草甸土和山地草原草甸土两类。该区域海拔较高，气温低，多雨且潮，无霜期也比较短。植物以喜湿耐寒的苔草等草甸植被为主。土壤有机质含量比较高，表层可达7%。淋溶作用较强，无石灰反应。

3. 棕壤

棕壤主要分布于省境内海拔为1 700～2 400 m中山地带的次生林或残存林区内，是省内主要的林业土壤。中条山、太岳山、太行山、吕梁山和五台山等山脉的中山地带都有分布。其海拔从北向南逐渐降低。该区域海拔较高，光照不足，气温低且多雨，植被类型丰富主要以针阔混交林和针叶林为主。土壤有机质含量高于其他土壤类型，达到7%～15%，保水保肥能力强。

4. 棕壤性土

棕壤性土分布于省境内所属的各大山脉的高中山区。植被主要是草本和灌木为主，有少量乔木。有机质含量积累较少，保水保肥能力差，土壤发育较差，无石灰反应。土壤酸碱度为微酸性至中性。

5. 淋溶褐土

淋溶褐土又名山地淋溶褐土和山地无石灰褐土。分布于省境内海拔为 1 200～2 000 m 的中山地带。海拔由北向南逐渐降低。该区域气候凉爽湿润，植被类型多样。该土壤质地为壤土，有机质积累较多，土壤多为团粒结构，保水保肥能力强，通气透水性能较好。无石灰石反应，土壤中性。

6. 褐土性土

褐土性土分布于省境内中、南部大部分区域的丘陵低山地带。植被以灌木和草本为主。该区域水热条件较差，土壤干燥，侵蚀比较严重。土壤发育较弱，不完整。有机质含量较低，小于 1%。

三、非地带性土壤类型

1. 盐土

盐土是在特定的地形、气候和水文条件下发育而成的土壤。省境内主要分布于大同盆地、忻定盆地、太原盆地和晋南盆地等地区的封闭洼地和低洼处，约占全省土壤总面积的 0.18%。

盐土包括草甸盐土和碱化盐土两类。草甸盐土也称为普通盐土，表层土壤含盐量大于1%，主要成分是氯化物和硫酸盐。草甸盐土主要分布于运城盆地和大同盆地，其上生长着各种耐盐植物。碱化盐土既有盐性又有碱性，表土含盐量大于0.6%，主要成分是碳酸盐。碱化盐土主要分布于大同盆地。

2.沼泽土

沼泽土在省境内主要分布于临汾盆地和运城盆地等地区的低洼地。沼泽土是由于长期地表积水或地下水接近于地表造成的。山西省的沼泽土因为形成环境的不同还分为草甸沼泽土和盐化沼泽土。

3.水稻土

水稻土是由人为因素造成的，主要分布于太原市，临汾、晋中等地也有零星分布。水稻土的成因是由于土壤长期处于水耕和旱耕的交替作用下，改变了原有土壤的性状而增加了新的特征。省境内水稻土面积不大，仅占全省总耕地面积的0.16%。

第二章 山西省蜜源植物资源

蜜源植物是开展养蜂业的物质基础，能为蜜蜂提供花蜜、蜜露和花粉，决定蜜蜂的生存、繁衍和发展，也靠它为人类生产蜂蜜、蜂蜡和蜂王浆等产品。蜜源植物资源的分布、面积以及种类等决定了一个地区养蜂业的发展，比如，该繁殖多大的蜂群，蜂群该采取什么方式越冬度夏，蜂场该采取哪种生产方式，是定地饲养、转地饲养或者是两者结合起来进行等。因此，对蜜源植物资源的调查和了解是开展养蜂业的前提和基础（何贤港，1995）。

山西省位于西北黄土高原，南北狭长，境内山谷纵横，地形复杂，山地及丘陵面积占多数，海拔高度相差较大，气候属典型的温带大陆性季风气候。独特的地形和典型的季风气候，孕育了丰富的蜜源植物资源，因而有“华北蜜库”之美称（高志鸿，2007）。山西生产的枣蜜、荆条蜜和洋槐蜜等蜂产品在全国享有盛名，所以了解山西蜜源植物资源，对于山西省养蜂业的发展和蜂产品的开发具有非常重要的意义。

第一节　蜜源植物介绍

蜜源植物(honey plant，nectar plant)是指供蜜蜂采集花蜜和花粉的植物。广义的蜜源植物是蜜源植物、粉源植物和蜜粉源植物的统称(何贤港,1995)。

一、蜜源植物、粉源植物和蜜粉源植物

1. 蜜源植物

蜜源植物是指具有蜜腺、能分泌甜液,且分泌的甜液能被蜜蜂采集利用的植物。如刺槐和松树等植物就属于蜜源植物。有许多植物具有蜜腺,但是不分泌甜液;而有些植物则是具有蜜腺且能分泌甜液,但是分泌的甜液因为种种原因不能被蜂蜜采集利用的都不能称其为蜜源植物。

2. 粉源植物

粉源植物是指能产生较多的花粉,且能被蜜蜂采集利用的植物。花粉是蜂王浆、蜂花粉的主要来源,是蜜蜂生长发育的重要营养物质,如玉米、高粱等都属于粉源植物。

3. 蜜粉源植物

蜜粉源植物是指那些既能给蜜蜂提供花粉,又能给

蜜蜂提供花蜜的植物统称为蜜粉源植物。如油菜、枣和刺槐等都属于蜜粉源植物。在蜜粉源植物中,根据分泌花粉和花蜜的多少,又分为蜜多粉多型、蜜多粉少型和蜜少粉多型。

特别值得注意的是,有部分蜜源植物的花粉或花蜜是有毒的,如毛茛科的黄代代和唐松草。所以对蜂蜜中有毒花粉的鉴定和检验显得尤为重要。

二、主要蜜源植物和辅助蜜源植物

根据泌蜜量的高低,蜜源植物被划分为主要蜜源植物和辅助蜜源植物。

1. 主要蜜源植物

主要蜜源植物是指在蜂蜜生产上能生产大量商品蜜的植物,包括产蜜数量多、植物分布范围广、植物开花时间较长的一些蜜源植物,如枣、向日葵、荞麦、油菜、刺槐和荆条等植物。

2. 辅助蜜源植物

辅助蜜源植物是指在蜂蜜生产上虽不能生产大量商品蜜,但是能给蜂群维持基本生存提供蜜源的植物,包括产蜜数量少、分布范围小或者开花时间较短的一些蜜源植物,如山楂、苹果和梨等植物。

第二节　山西省蜜源植物资源概述

在山西蜜源植物资源调查方面，前人做过不少工作。早在20世纪80年代，靳宗立等结合生产实习和放蜂实践，对山西蜜源植物进行了初步调查，结果表明，全省共有蜜源植物80多科、200余属、600余种。90年代，冯旭芳等也对山西蜜源植物进行了调查，总结出15种主要蜜源植物和600余种辅助蜜源植物。2007年，高志鸿介绍了山西10种重要辅助蜜源植物的分布及利用。同年，杨相甫等报道了山西优良蜜粉源植物资源——青麸杨。2010年，汉学庆等简要论述了山西的枣树、向日葵和荆条等6种主要蜜源植物的情况。2012年、2013年，陈廷珠等对山西的刺槐、枣树、荆条、柠条、柿树、向日葵、胡枝子和狼牙刺等蜜源植物的分布情况和利用特点进行了简要的介绍。

一、山西省蜜源植物种类

根据冯旭芳等调查，山西共有蜜源植物80多科、200多属、600余种。笔者对山西省常见蜜源植物进行了整理和编号，并对部分蜜源植物的花期和地理分布进行了汇总(表2-1，表2-2)。

表 2-1 山西省常见蜜源植物名录

序号	种名	拉丁名	序号	种名	拉丁名
1	油菜	*Brassica campestris*	24	家榆	*Ulmus pumila*
2	刺槐	*Robinia pseudoacacia*	25	山榆	*Ulmus* spp.
3	紫苜蓿	*Medicago sativa*	26	桑树	*Morus alba*
4	狼牙刺	*Sophora viciifolia*	27	文冠果	*Xanthoceras sorbifolia*
5	柠条	*Caragana korshinskii*	28	栾树	*Koelreuteria paniculata*
6	百里香	*Thymus vulgaris*	29	楝树	*Melia azedarach*
7	荆条	*Vitex negundo* var. *heterophylla*	30	板栗	*Castanea mollissima*
8	芝麻菜	*Eruca sativa*	31	色木槭	*Acer mono*
9	草木樨	*Melilotus suaveolens*	32	茶条槭	*Acer ginnala*
10	棉花	*Gossypium* spp.	33	拐枣	*Hovenia acerba*
11	芝麻	*Sesamum indicum*	34	酸枣	*Ziziphus jujuba* var. *spinosa*
12	茴香	*Foeniculum vulgare*	35	梧桐	*Firmiana platanifolia*
13	向日葵	*Helianthus annuus*	36	国槐	*Sophora japonica*
14	荞麦	*Fagopyrum esculentum*	37	合欢	*Albizzia julibrissin* Durazz.
15	党参	*Codonopsis pilosula*	38	皂荚	*Gleditsia sinensis*
16	中国沙棘	*Hippophae rhamnoides* subsp. *sinensis*	39	蒲公英	*Taraxacum officinale*
17	胡枝子	*Lespedeza bicolor*	40	香青	*Anaphalis sinica*
18	柿树	*Diospyros kaki*	41	小红菊	*Dendranthema chanetii*
19	香薷	*Elsholtzia ciliata*	42	紫苑	*Aster tataricus*
20	油松	*Pinus tabulaeformis*	43	旋复花	*Inula britannica* var. *chinensis*
21	落叶松	*Larix gmellini*	44	蓟	*Cirsium japonicum*
22	白桦	*Betula platyphylla*	45	苣荬菜	*Sonchus brachyotus*
23	榛	*Corylus* spp.	46	泡桐	*Paulownia* spp.

续表 2-1

序号	种名	拉丁名	序号	种名	拉丁名
47	椴树	*Tilia* spp.	69	刺五加	*Acanthopanax senticosus*
48	苹果	*Malus pumila*	70	马鞭草	*Verbena officinalis*
49	梨	*Pyrus* spp.	71	牡荆	*Vitex negundo* var. *cannabifolia*
50	桃	*Prunus persica*	72	野蔷薇	*Rosa multiflora*
51	杏	*Armeniaca vulgaris*	73	黄蔷薇	*Rosa hugonis*
52	山杏	*Prunus armeniaca*	74	牛迭肚	*Rubus crataegifolius*
53	山楂	*Crataegus pinnatifida*	75	豌豆	*Pisum sativum*
54	连翘	*Forsythia suspensa*	76	大豆	*Glycine max*
55	花楸	*Sorbus pohuashanensis*	77	蚕豆	*Vicia faba*
56	葡萄	*Vitis vinifera*	78	山野豌豆	*Vicia amoena*
57	山葡萄	*Vitis amurensis*	79	花苜蓿	*Medicago ruthenica*
58	黑枣	*Diospyros lotus*	80	白三叶	*Trrifolium repens*
59	核桃	*Juglans regia*	81	蓝花棘豆	*Oxytropis coerulea*
60	紫丁香	*Syringa oblata*	82	披针叶黄花	*Thermopsis lanceolata*
61	山里红	*Crataegus pinnatifida* var. *major*	83	小冠花	*Coronilla varia*
62	牛奶子	*Elaeagnus umbellata*	84	马先蒿	*Pedicularis verticillata*
63	紫荆	*Cercis chinensis*	85	小米草	*Euphrasia regelii*
64	紫穗槐	*Amorpha fruticosa*	86	车前草	*Plantago asiatica*
65	柽柳	*Tamarix chinensis*	87	石竹	*Dianthus chinensis*
66	花椒	*Zanthoxylum bungeanum*	88	瞿麦	*Dianthus superbus*
67	黄檗	*Phellodendron amurense*	89	草莓	*Fragaria ananassa*
68	五加	*Acanthopanax gracilistylus*	90	地榆	*Radix sanguisorbae*

续表 2-1

序号	种名	拉丁名	序号	种名	拉丁名
91	款冬	*Common coltsfoot*	111	马齿苋	*Portulaca oleracea*
92	鬼针草	*Bidens pilosa*	112	青葙	*Celosia argentea*
93	野菊花	*Dendranthema indicum*	113	升麻	*Cimicifuga foetidu*
94	千里光	*Senecio scandens*	114	柳兰	*Epilobium angustifolium*
95	矢车菊	*Centaurea cyanus*	115	柳叶菜	*Epilobium hirsutum*
96	夏枯草	*Prunella vulgaris*	116	二色补血草	*Limonium bicolor*
97	鼠尾草	*Salvia farinacea*	117	金色补血草	*Limonium aureum*
98	益母草	*Leonurus heterophyllus*	118	田旋花	*Convolvulus arvensis*
99	薄荷	*Mentha canadensis*	119	菟丝子	*Cuscuta chinensis*
100	蓝萼香茶菜	*Rabdosia japonica* var. *glaucocalyx*	120	聚合草	*Symphytum officinale*
101	香青兰	*Dracocephalum moldavica*	121	砂引草	*Tournefortia sibirica*
102	荆芥	*Schizonepeta tenuifolia*	122	附地菜	*Trigonotis peduncularis*
103	紫苏	*Perilla frutescens*	123	苦木	*Picrasma quassioides*
104	糙苏	*Phlomis* spp.	124	蜀葵	*Althaea rosea*
105	牛至	*Origanum vulgare*	125	四季海棠	*Begonia semperflorens*
106	芥菜	*Brassica juncea*	126	芫荽	*Coriandrum sativum*
107	葶苈	*Draba nemorosa*	127	石榴	*Punica granatum*
108	播娘蒿	*Descurainia sophia*	128	地黄	*Rehmannia glutinosa*
109	白花菜	*Cleome gynandra*	129	梓树	*Catalpa ovata*
110	五味子	*Schisandra chinensis*	130	接骨木	*Sambucus willamsii*

续表 2-1

序号	种名	拉丁名	序号	种名	拉丁名
131	委陵菜	*Potentilla chinensis*	151	萝卜	*Raphanus sativus*
132	龙芽草	*Agrimonia pilosa*	152	华北珍珠梅	*Sorbaria kirilowii*
133	大叶龙胆	*Gentiana macrophylla*	153	红柄白鹃梅	*Exochorda giraldii*
134	达乌里龙胆	*Gentiana dahurica*	154	贴梗海棠	*Chaenomeles speciosa*
135	老鹳草	*Geranium wilfordii*	155	月季花	*Rosa chinensis*
136	忍冬	*Lonicera japonica*	156	黄刺玫	*Rosa xanthina*
137	蒙古荚蒾	*Viburnum mongolicum*	157	胡桃	*Juglans regia*
138	异叶败酱	*Patrinia heterophylla*	158	牡丹	*Paeonia suffruticosa*
139	蓖麻	*Ricinus communis*	159	芍药	*Paeonia lactiflora*
140	蒺藜	*Tribulus terrestris*	160	紫藤	*Wisteria sinensis*
141	翅碱蓬	*Suaeda salsa*	161	黄杨	*Buxus sinica*
142	红蓼	*Polygonum orientale*	162	臭椿	*Ailanthus altissima*
143	水蓼	*Polygonum hydropiper*	163	萱草	*Hemerocallis fulva*
144	玉蜀黍	*Zea mays*	164	葱	*Allium fistulosum*
145	蚂蚱腿子	*Myripnois dioica*	165	君子兰	*Clivia miniata*
146	六道木	*Abelia biflora*	166	马蔺	*Iris lactea* var. *chinensis*
147	荆芥	*Nepeta cataria*	167	郁金香	*Tulipa gesneriana*
148	钻天杨	*Populus nigra* var. *italica*	168	垂丝海棠	*Malus halliana*
149	旱柳	*Salix matsudana*	169	西府海棠	*Malus micromalus*
150	虞美人	*Papaver rhoeas*	170	金银忍冬	*Lonicera maackii*

表 2-2　山西省部分蜜源植物的花期和地理分布

编号	种名	1月	2月	3月	4月	5月	6月	7月	8月	9月	10月	11月	12月	主要分布地点
1	油菜			■	■		■	■						晋南、晋北(阳曲、清徐、娄烦、临汾及太原有栽培)
2	刺槐				■	■								吉县、稷山、临汾、侯马、长治
3	紫苜蓿					■	■							晋南平川与丘陵
4	狼牙刺					■	■							太行、太岳、中条等山区
5	柠条						■							产平鲁及晋西一带
6	百里香						■	■						大同、怀仁、山阴、朔县、神池等
7	荆条						■	■						沁水、离石、阳泉
8	芝麻菜					■								太原南郊北张村、五台县台怀镇、宁武东庄、清徐徐沟
9	草木樨							■	■					左云、左玉、平鲁、神池、五寨等
10	棉花							■	■					晋南、晋中的平川
11	芝麻							■	■					各地丘陵地区与其他作物间作
12	茴香							■	■					大同、朔县、清徐等县较多
13	向日葵							■	■					中北部碱地和丘陵
14	荞麦									■	■			晋中高寒山区
15	胡枝子							■	■					产各大山区

续表 2-2

编号	种名	1月	2月	3月	4月	5月	6月	7月	8月	9月	10月	11月	12月	主要分布地点
16	柿树					■	■							晋南、晋中丘陵地均有分布
17	香蒲							■	■	■				全省各地普遍分布
18	油松				■	■								太行、太岳、吕梁、关帝山等处
19	落叶松				■	■								太行、太岳、吕梁、关帝山等处
20	白桦			■	■	■	■							晋中南山区林区
21	榛			■	■	■	■							晋中南山区林区
22	家榆			■	■	■								各地均有分布
23	山榆			■	■	■								各地均有分布
24	桑树			■	■	■								各地均有分布
25	文冠果			■	■	■								各地均有分布
26	栾树			■	■	■								各地均有分布
27	楝树					■	■	■						各地均有分布
28	板栗					■	■	■						各地均有分布
29	色木槭					■	■	■						各地均有分布
30	茶条槭					■	■	■						各地均有分布
31	拐枣					■	■	■						各地均有分布

续表 2-2

编号	种名	1月	2月	3月	4月	5月	6月	7月	8月	9月	10月	11月	12月	主要分布地点
32	酸枣													各地均有分布
33	梧桐													各地均有分布
34	国槐													各地均有分布
35	合欢													各地均有分布
36	皂荚													各地均有分布
37	泡桐													各地均有分布
38	椴树													太行、太岳、中条林区、丘陵
39	苹果													各地均有分布
40	梨													各地均有分布
41	桃													各地均有分布
42	杏													各地均有分布
43	山杏													各地均有分布
44	山楂													各地均有分布
45	山里红													各地均有分布
46	花楸													各地均有分布
47	葡萄													晋中盆地，清徐县最多
48	山葡萄													晋中盆地，清徐县最多

二、山西省近年来蜜源植物资源变化情况

根据山西省特种养殖产业技术体系和山西省蜂业协会于2007年底至2008年底对山西现有的蜜源植物资源进行了不完全统计，发现在冯旭芳等调查的基础上，经过将近20年的发展，山西的蜜源植物资源发生了一些变化。

1. 主要蜜源植物类型减少

20世纪90年代，冯旭芳等调查发现，山西省有主要蜜源植物15种，棉花和向日葵是其中比较主要的蜜源植物，并且能生产商品蜜。但是随着生产的发展和产业结构的调整，2007—2008年的调查却发现晋中和晋南地区的棉花产蜜量大幅度下降，蜂农很难采到棉花的商品蜜。

晋西北的向日葵蜜也出现了相同的问题，向日葵蜜、粉均好，是山西省晋西北地区的主要蜜粉源植物，商品蜜的采收十分理想。近年来该地区向日葵蜂蜜产量呈现明显的下降趋势，部分地区很难采到商品蜜，仅可作为粉源植物利用。

2. 部分辅助蜜源植物面积增加，跻身主要蜜源植物类型

六道木隶属于忍冬科六道木属，主要分布在晋中偏北地区的山区，是山西近年发展起来的一种主要蜜源植

物。该植物非常耐贫瘠,山西的自然环境条件对该植物的生长发育十分有利,所以六道木逐渐成为山西省主要蜜源植物之一。

蔷薇科苹果属植物,近年来在山西大面积分布。得益于山西产业结构的调整,部分地区发展经济果林,特别是晋中地区和运城市,使得苹果蜜的生产能力大幅度提升,苹果树也跻身为主要蜜源植物之一。

总之,山西省目前可以采收商品蜜的主要蜜源植物品种大量减少,与 1990 年以前相比,仅有枣树、荆条、刺槐、六道木和苹果 5 种蜜源植物可采收商品蜜。其他的如棉花、向日葵和柿树等都已经变成辅助蜜源植物。

第三节　山西省常见蜜源植物资源

山西省蜜源植物种类繁多,类型多样。其中几种主要的蜜源植物,如枣树、洋槐等的分布面积较大,所产蜂产品质量优良,在全国都处于领先地位。所以,对于山西省常见蜜源植物的了解和认识,不仅有助于对蜜源植物资源的掌握,并且有利于山西省养蜂业的发展。下面将部分常见蜜源植物分为林木类、果树类、灌木类和草本类进行简要介绍(山西省植物志编委会,1992,1998,2000,2004)。

一、林木类

1. 荆条(*Vitex negundo* var. *heterophylla*)

荆条(图 2-1)隶属于马鞭草科(Verbenaceae)牡荆属(*Vitex*)。

灌木或小乔木,有香气。掌状复叶,对生;聚伞花序,顶生;花萼钟状;花冠淡紫色;果黑色,球形;花期 6 月下旬至 7 月下旬,为期 30～40 天。山西境内南北均有分布。

荆条蜜源植物在山西分布面积大,范围较集中,目前共有面积 15.99 万 hm^2。根据荆条蜜源植物泌蜜量的初步估计,山西荆条蜜源植物每年至少可以提供 22 000 t 的荆条蜂蜜。

图 2-1　荆条

2. 合欢(*Albizzia julibrissin* Durazz.)

合欢(图 2-2)别名绒花树、夜合欢,隶属于豆科(Fabaceae)合欢属(*Albizzia*)。

落叶乔木,株高可达 12 m。树皮灰褐色;羽状复叶,互生;花序头状,呈伞房状排列,腋生或顶生,多数。花色淡红,具短花梗;花萼钟形;子房上位;荚果扁平。花期 6~7 月。山西境内中部和南部部分地区庭院、公园和校园有栽种。

图 2-2　合欢

3. 板栗(*Castanea mollissima*)

板栗(图 2-3)别名栗子、毛栗,隶属于壳斗科(Fagaceae)栗属(*Castanea*)。

落叶乔木,高 15~20 m。叶长椭圆形至长椭圆状披针形;雄花序穗状,长 5~15 cm,直立;雌花生于雄花序下部,2～3 朵生于总苞内;坚果暗褐色。花期 5～6 月。生于海拔 700～1 100 m 的阳坡或半阳坡的沙质土壤中,山西境内南部大多数地区有分布。

图 2-3 板栗

4. 臭椿(*Ailanthus altissima*)

臭椿(图 2-4)隶属于苦木科(Simaroubaceae)臭椿属

图 2-4 臭椿

(*Ailanthus*)。

落叶乔木，高可达 20 m。羽状复叶；大圆锥花序，顶生；花小，花瓣 5～6，长圆形，花色白中带绿；雄花有雄蕊 10 枚；子房为 5 心皮；翅果，种子扁平，椭圆形；花期 6～7 月。生于海拔 750～1 800 m 的山坡、路边，山西境内各地均有分布。

5. 山皂荚(*Gleditsia japonica*)

山皂荚(图 2-5)别名山皂角、鸡栖子等，隶属于豆科(Fabaceae)皂荚属(*Gleditsia*)。

乔木，高约 15 m。雌雄异株，雄花呈总状花序，长约 16 cm；雌花呈穗状花序，腋生或顶生；花萼和花瓣均为黄绿色。花期 4～6 月，生于路边、林缘等地；山西境内仅少量地区有栽种。

图 2-5　山皂荚

6. 油松(*Pinus tabulaeformis*)

油松(图 2-6)别名短叶松、短叶马尾松和红皮松等，隶属于松科(Pinaceae)松属(*Pinus*)。

常绿乔木，树高可达 25 m。叶 2 针一束，深绿色，长 10～15 cm；叶鞘宿存；球果卵圆形，长 4～10 cm，黄褐色或黄绿色；有树脂；种子长 6～8 mm，种翅长约 10 mm。花期 4～5 月。生于海拔 1 600～2 600 m，喜光，山西境内南北皆有，主产于林区。

图 2-6　油松

7. 西府海棠(*Malus micromalus*)

西府海棠(图 2-7)隶属于蔷薇科(Rosaceae)苹果属(*Malus*)。

小乔木，株高 3～7 m。叶长椭圆形或椭圆形；托叶膜质；伞形总状花序，花 4～8 朵；萼片三角卵形；花瓣粉红色，近圆形；花柱5；果红色，近球形；花期4～5月。山西境内仅有少量地方栽种。

图 2-7 西府海棠

8. 垂丝海棠(*Malus halliana*)

垂丝海棠(图2-8)别名海棠、垂枝海棠，隶属于蔷薇科(Rosaceae)苹果属(*Malus*)。

乔木，高可达8 m。叶片卵形至长椭圆卵形；托叶小，披针形；伞房花序，花4～6朵，丛生；萼片三角卵形；花瓣

图 2-8 垂丝海棠

粉红色；果实带紫色，梨形或倒卵形；花期 3～4 月。多生于山坡丛林中和山溪边。山西境内仅有较少地区栽种。

9. 青麸杨(*Rhus potaninii*)

青麸杨(图 2-9)别名五倍子树，隶属于漆树科(Anacardiaceae)盐肤木属(*Rhus*)。

落叶小乔木，高 4～10 m。树皮粗糙，有裂缝；奇数羽状复叶，互生；圆锥花序顶生，长 10～18 cm；花小，白色；花瓣 5；雄蕊 5；核果近球形，血红色；花期 5～6 月。山西省境内青麸杨主要分布在中条山、太行山的阳坡、半阳坡及山涧谷地的杂木林内，在芮城宝玉山至雪花山一带也有分布。

图 2-9 青麸杨

10. 刺槐(*Robinia pseudoacacia*)

刺槐(图 2-10)隶属于豆科(Fabaceae)洋槐属(*Robinia*)。

落叶乔木，高 10～25 m。奇数羽状复叶，叶片椭圆形或卵状圆形；总状花序，腋生，下垂，长 10～20 cm；花萼杯状；花冠白色，有香味；荚果扁，种子肾形；花期 4～5 月。山西境内均有分布，常作为观赏树种而广泛栽培。

图 2-10　刺槐

11. 文冠果（*Xanthoceras sorbifolia*）

文冠果（图 2-11）隶属于无患子科（Sapindaceae）文冠

图 2-11　文冠果

果属（*Xanthoceras*）。

落叶灌木或小乔木。羽状复叶，奇数，互生；圆锥花序，长 12～25 cm，多花；萼片 5，长椭圆形；花瓣 5，白色，基部红色或黄色；蒴果三角状球形或椭圆形；种子淡黑色、坚硬。花期 4～5 月，山西省境内南北均有分布。

12. 泡桐（*Paulownia* spp.）

泡桐（图 2-12）隶属于玄参科（Scrophulariaceae）泡桐属（*Paulownia*）。

乔木，株高可达 20 m。树皮灰色、灰褐色或灰黑色；单叶，对生，叶大而有柄，卵形；花大，由多数聚伞花序组成圆锥花序，色淡紫或白；花萼钟状或盘状；花冠钟形或漏斗形；雄蕊 4 枚，2 强；雌蕊 1 枚，花柱细长。蒴果卵形或椭圆形。花期 4～5 月，山西境内中南部有分布。

图 2-12　泡桐

13. 栾树(*Koelreuteria paniculata*)

栾树(图 2-13)隶属于无患子科(Sapindaceae)栾树属(*Koelreuteria*)。

落叶乔木,高 10 m。奇数羽状复叶,小叶 7～15 对,叶片卵形至卵状披针形;圆锥花序;萼片 5;花瓣 4,淡黄色;雄蕊 8;蒴果;种子黑色,球形。花期 6 月。生于山坡杂木林及灌丛,山西境内南北均有分布,但大部分分布于晋南各地,北部地区仅灵丘有分布。

图 2-13　栾树

14. 七叶树(*Aesculus chinensis*)

七叶树(图 2-14)别名索罗木、娑罗树,隶属于七叶树科(Hippocastanaceae)七叶树属(*Aesculus*)。

落叶乔木,高达 25 m,树皮深褐色或灰褐色。掌状复叶，叶片长椭圆形或长椭圆状卵形；聚伞圆锥花序；雄花和两性花同株，杂性；花瓣 4，白色；花萼 5 裂，管状钟形。蒴果球形，种皮厚。花期 5～6 月，果期 8～10 月。生于低海拔地区，山西境内夏县和永济市部分地区有栽种。

图 2-14　七叶树

15. 元宝枫（*Acer truncatum*）

元宝枫（图 2-15）隶属于槭树科（Aceraceae）槭属（*Acer*）。

图 2-15　元宝枫

落叶乔木，株高可达5～10 m；树皮纵裂。单叶，对生，全缘，裂片三角卵形或披针形；伞房花序顶生；花黄绿色，雄花与两性花同株；萼片5，黄绿色；花瓣5，黄色或白色；子房上位，扁形。小坚果扁平，果翅常与小坚果近等长，张开成钝角。花期4月，果期5～8月。生于低海拔疏林中，山西境内南北部分地区有分布，而中部地区如太原等地有栽种。

二、果树类

1. 山楂（*Crataegus pinnatifida*）

山楂（图 2-16）别称山里红、山里果，隶属于蔷薇科（Rosaceae）山楂属（*Crataegus*）。

落叶乔木，高达6 m。叶片宽卵形或菱状卵形；伞房

图 2-16　山楂

花序有柔毛，多花；花瓣色白；雄蕊 20，花药粉红色；果近球形或梨形，深红色，内含 3～5 核；花期 5～6 月。多生于海拔 700～1 500 m 的山坡、林缘等地。山西境内南北皆有分布。

2. 黑枣（*Diospyros lotus*）

黑枣（图 2-17）别名软枣、野柿子，隶属于柿树科（Ebenaceae）柿树属（*Diospyros*）。

落叶乔木，株高可达 14 m 左右。枝皮光滑不开裂；叶椭圆形至矩圆形，上面密生柔毛。花单性，雌雄异株，单生或簇生叶腋，色淡黄色至淡红色；花萼密生柔毛，3 裂；雌蕊由 2～3 个心皮合成，花柱分裂至基部。花期 5 月，生于山坡、山谷或栽培。山西境内各地均有分布，以中部和南部地区栽培为多。

图 2-17 黑枣

3. 核桃(*Juglans regia*)

核桃(图 2-18)别名胡桃、羌桃等,隶属于胡桃科(Juglandaceae)胡桃属(*Juglans*)。

落叶乔木,株高可达 20～25 m。单数羽状复叶,椭圆状卵形至长椭圆形;小叶柄极短或无;花单性,雌雄同株,雄花序下垂,雌花序簇状,直立;果序短,俯垂;有果实 1～3;果实球形,表面凹凸或皱折。花期 4 月下旬,山西境内除北部地区较冷的少数县外,其余地区皆有栽种。

图 2-18 核桃

4. 柿树(*Diospyros kaki*)

柿树(图 2-19)隶属于柿树科(Ebenaceae)柿树属(*Diospyros*)。

落叶乔木,株高可达 5～10 m;树皮灰黑色,鳞片状开裂。叶片椭圆状卵形、矩圆状卵形或倒卵形,叶互生;花雌雄异株或同株，雄花呈短聚伞花序，雌花单生于叶腋；花冠钟状，白色；子房上位。浆果卵圆形或扁球形，橙黄色、鲜黄色或淡红色，花萼宿存。花期6～7月，果期8～10月。生于矮山坡及住宅旁，山西境内晋南和晋东南各地多栽培。

图 2-19　柿树

三、灌木类

1. 百里香(*Thymus mongolicus*)

百里香(图 2-20)隶属于唇形科(Lamiaceae)百里香属(*Thymus*)。

多年生铺散状的半灌木。叶卵圆形，全缘；轮伞花序在花枝先端密集为花序头状；花梗短，花萼筒状钟形或狭钟状；花冠紫色、紫红色至粉红色；雄蕊4；小坚果近球形，黄褐色；花期6～8月；生于海拔800～1 600 m的沙滩、干山坡、路旁等地；山西境内南北均有分布。

图 2-20　百里香

2. 牛奶子(*Elaeagnus umbellata*)

牛奶子(图 2-21)隶属于胡颓子科(Elaeagnaceae)胡颓子属(*Elaeagnus*)。

落叶直立灌木，高 1～4 m。多分枝；叶纸质或膜质；

图 2-21　牛奶子

椭圆形至卵状椭圆形；花较叶先开放，单生或成对生于幼叶腋，花色黄白，味芳香；花梗白色；花萼筒圆筒状漏斗形，稀圆筒形；雄蕊的花丝极短；花药矩圆形，长约1.6 mm；花柱直立，柱头侧生；果实球形或卵圆形，成熟时红色；果梗粗壮，直立；花期4～5月，生于海拔1 100～1 600 m的向阳山坡、灌丛等地。山西境内分布于中部和南部的大部分地区。

3. 紫穗槐(*Amorpha fruticosa*)

紫穗槐(图 2-22)隶属于豆科(Fabaceae)紫穗槐属(*Amorpha*)。

落叶灌木，株高1～4 m。奇数羽状复叶，互生，小叶卵形、椭圆形或披针状圆形；穗状花序，长5～15 cm；花萼钟状；花色蓝紫色或深紫色；雄蕊10；种子棕色，长圆柱

图 2-22 紫穗槐

形;花期 5～6 月。山西各地均有栽培。

4. 柽柳(*Tamarix chinensis*)

柽柳(图 2-23)别名垂丝柳、西河柳、西湖柳和红柳等,隶属于柽柳科(Tamaricaceae)柽柳属(*Tamarix*)。

灌木或小乔木,株高可达 3～6 m。幼枝柔弱,悬垂;叶鳞片状,钻形或卵状披针形;春季花为总状花序,花大而疏;夏、秋季花组成顶生大型圆锥花序,花小而密;花 5 数,粉红色;子房圆锥状瓶形,花柱 3,棍棒状;蒴果长约 3.5 mm,圆锥状。花期 4～9 月。生于海拔 910 m 的山坡、山谷等地。山西境内仅中部和北部部分地区有栽培。

图 2-23　柽柳

5. 石榴(*Punica granatum*)

石榴(图 2-24)别名安石榴、金婴和山力叶石榴等,隶属于石榴科(Punicaceae)石榴属(*Punica*)。

落叶灌木或小乔木,高可达 3～5 m。叶对生或簇生,纸质;花 1 至数朵生于枝顶或腋生,花大色红,两性;花萼钟形,长 2～3 cm;花瓣与萼片同数,倒卵形,花瓣有单瓣和重瓣之分;花丝细弱;子房下位;浆果近球形,色淡黄褐、淡黄绿或白;种子多数,色乳白至红,钝角形。花期 6～7 月,山西境内南部地区有栽培。

图 2-24　石榴

6. 紫丁香(*Syringa oblata*)

紫丁香(图 2-25)隶属于木樨科(Oleaceae)丁香属(*Syringa*)。

落叶灌木或小乔木,株高可达 4 m。叶对生,卵圆形;圆锥花序发自侧芽,长 6～15 cm;花萼钟形;花冠紫色,直径约 13 mm;花药黄色;花柱棒状;蒴果矩圆形,略扁,光滑;种子扁平,长圆形。花期 4～5 月。生于海拔 300～2 600 m 山地或山沟。山西境内中南部地区都有分布,许多校园、机关和公园都有种植。

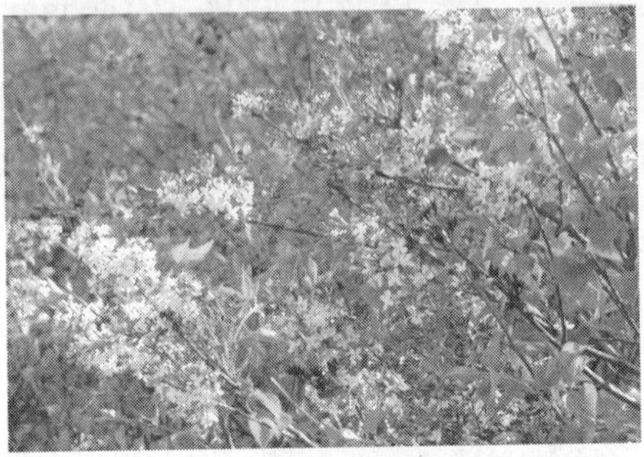

图 2-25　紫丁香

7. 贴梗海棠(*Chaenomeles speciosa*)

贴梗海棠(图 2-26)别名铁脚海棠、铁杆海棠和皱皮木瓜等,隶属于蔷薇科(Rosaceae)木瓜属(*Chaenomeles*)。

图 2-26　贴梗海棠

落叶丛生状灌木，株高最高可达 2 m。单叶、互生，叶片卵圆形；托叶大，肾形；或半圆形，花梗短粗，花 2～6 朵簇生于枝条上；花小，花瓣倒卵形或近圆形，有单瓣和重瓣；花色红；花萼筒钟状；雄蕊直立，35～50 枚；花柱 5，柱头头状，约与雄蕊等长；果实球形，黄绿色或黄色；花期 3～5 月。山西境内各地均有栽培。

8. 华北珍珠梅(*Sorbaria kirilowii*)

华北珍珠梅(图 2-27)别名珍珠梅，隶属于蔷薇科(Rosaceae)珍珠梅属(*Sorbaria*)。

灌木，株高可达 3 m。奇数羽状复叶；小叶披针形至长圆披针形；大型密集圆锥花序，顶生；花小，色白；花瓣近圆形或宽卵形；萼片圆卵形，花萼浅杯状。花期 5～7 月。生于山坡阳处，路边林中，山西境内中部与南部地区均有分布。

图 2-27　华北珍珠梅

9. 黄蔷薇(*Rosa hugonis*)

黄蔷薇(图 2-28)隶属于蔷薇科(Rosaceae)蔷薇属(*Rosa*)。

灌木,高约 2.5 m。羽状复叶,叶片卵形或倒卵形;花单生于短枝顶端,不具苞片;花梗无毛;花黄色;萼裂片卵状披针形,与萼筒均无毛;花瓣倒三角状卵形;果红褐色,扁球形;花期 5～6 月。生于山坡向阳地和路边灌丛中,山西境内分布较少,包括关帝山和管涔山,还有部分学校栽种。

图 2-28 黄蔷薇

10. 五加(*Acanthopanax gracilistylus*)

五加(图 2-29)隶属于五加科(Araliaceae)五加属(*Acanthopanax*)。

灌木,株高 2～3 m,有时蔓生状;掌状复叶,互生或簇生,叶片倒卵形至披针形;伞形花序,腋生或单生于短枝上;花色黄绿,花瓣5;雄蕊5;子房下位;果黑色,几乎球形。花期4～8月,生于林缘、路边或灌丛中,山西境内仅南部地区永济市有分布,其他地区或有栽种。

图 2-29　五加

11. 紫荆(*Cercis chinensis*)

紫荆(图2-30)别名紫株、满条红等,隶属于豆科(Fabaceae)紫荆属(*Cercis*)。

图 2-30　紫荆

从生灌木，株高可达 2～5 m。树皮暗灰色；单叶，互生；花先于叶开放，玫瑰红色，多朵小花簇生于老枝上，花瓣 5；小苞片 2 个；荚果条形，扁平。花期 4～5 月，山西境内公园、庭院均有栽培。

12. 酸枣(*Ziziphus jujuba* var. *spinosa*)

酸枣(图 2-31)隶属于鼠李科(Rhamnaceae)枣属(*Ziziphus*)。

图 2-31　酸枣

常为灌木，株高 1～3 m。叶较小，卵形。核果小，近球形或短矩圆形；叶互生；花两性，或簇生于叶腋，或组成聚伞花序；花期 6～7 月，果期 8～9 月。生于海拔 400～1 000 m 的向阳干燥山坡、平原等地。山西境内各地广为野生，尤以中南部地区为多。

13. 金银忍冬(*Lonicera maackii*)

金银忍冬(图 2-32)隶属于忍冬科(Caprifoliaceae)忍冬属(*Lonicera*)。

落叶灌木,株高可达 3 m。小枝中空;叶片卵状椭圆形至卵状披针形;花冠先白后黄;相邻两花的萼筒分离;雄蕊 5;子房 3 室;红色浆果,花期 5～6 月。生于海拔 980～1 760 m 沟谷、山坡灌丛等地,山西境内南北均有分布。

图 2-32　金银忍冬

14. 连翘(*Forsythia suspense*)

连翘(图 2-33)隶属于木樨科(Oleaceae)连翘属(*Forsythia*)。

落叶灌木,高 1～3 m。小枝中空,褐色;三出复叶或单叶对生,卵形至长圆状卵形;花腋生;花萼绿色;花冠黄色;雄蕊 2;子房 2 室;蒴果卵圆形。花期 3～4 月。生于海拔 1 060～2 000 m 山坡灌丛林下或山沟疏林中,山西境内分布于晋南大部分地区,山西中部地区有部分城市、街道和校园栽种。

图 2-33 连翘

15. 沙枣(*Elaeagnus angustifolia*)

沙枣(图 2-34)别名红豆、银柳,隶属于胡颓子科(Elaeagnaceae)胡颓子属(*Elaeagnus*)。

落叶灌木或小乔木,高 5～10 m。幼枝被银白色鳞片,老枝栗褐色。叶矩圆状披针形至线状披针形,薄纸质;花银白色,芳香;花萼筒钟形;雄蕊 4。果实长圆状椭圆形或近圆形。花期 4 月,果期 9 月。生于山地、荒漠、平原等区域。山西境内分布于北部部分地区如天镇和左云等地,中部部分地区有栽培。

图 2-34　沙枣

16. 紫藤(*Wisteria sinensis*)

紫藤(图 2-35)隶属于豆科(Fabaceae)紫藤属(*Wisteria*)。

落叶木质藤本。多分枝且较粗壮;奇数羽状复叶,卵状长圆形至卵状披针形,互生;总状花序,花序轴被白色

图 2-35　紫藤

柔毛；苞片披针形；花萼钟状；紫色或淡紫色蝶形花冠；子房线形；荚果略扁，条形，密被灰褐色绒毛；种子褐色，圆形；花期4～5月；果期8～9月。山西境内公园庭院都有栽培。

四、草本类

1. 蒲公英(*Taraxacum officinale*)

蒲公英(图2-36)别名地丁、蒲公草等，隶属于菊科(Asteraceae)蒲公英属(*Taraxacum*)。

多年生草本，高10～30 cm。叶狭倒卵形，长椭圆形；头状花序直径25～40 mm；总苞宽钟状，绿色；舌状花，亮黄色；瘦果浅褐色，长3～4 mm。花期5～7月。生于海拔780～2 750 m的山坡、草地等地方，山西境内各地均有，非常常见。

图2-36　蒲公英

2. 益母草(*Leonurus heterophyllus*)

益母草(图 2-37)隶属于唇形科(Lamiaceae)益母草属(*Leonurus*)。

一年生或二年生直立草本。叶 3～5 裂;轮伞花序,腋生,有花 8～15 朵;花萼管状钟形;花冠粉红色至淡紫红色,长 1～1.2 cm;雄蕊 4,花药卵圆形。6～10 月开花,花期近 20 天。生于山坡草地、路旁及各种环境,山西境内各地均有分布。

图 2-37　益母草

3. 棉花(*Gossypium* spp.)

棉花(图 2-38)隶属于锦葵科(Malvaceae)棉属(*Gossypium*)。

一年生草本。单叶、互生;花大,两性,单生于叶腋内,白色、黄色或淡紫色,但当凋萎时常变为他色;总苞由

3-5-7 枚小苞片组成，有腺点；花萼杯状；雄蕊管有多数具花药的花丝；子房上位；蒴果卵圆形；小坚果锐三棱形；花期 7～8 月，大流蜜期约 40 天。山西境内南北地区都有种植。

图 2-38 棉花

4. 向日葵（*Helianthus annuus*）

向日葵（图 2-39）别名葵花、向阳花，隶属于菊科（Asteraceae）向日葵属（*Helianthus*）。

一年生高大草本，高 1～3 m。茎粗壮；叶互生，叶片心状卵形或卵圆形；头状花序单生于茎端，极大，直径可达 35 cm；雌花舌状，金黄色，不结实；管状花极多数，花冠棕色或紫色；瘦果倒卵形或卵状长圆形；花期 7～9 月，山西境内各地均有栽培。

图 2-39　向日葵

5. 油菜(*Brassica campestris*)

油菜(图 2-40)隶属于十字花科(Brassicaceae)芸薹属(*Brassica*)。

图 2-40　油菜

一年生草本，高 30～90 cm。茎粗壮，不分枝或分枝;花黄色,直径长 7～10 mm;花瓣倒卵形;长角果条形;种子球形,紫褐色或棕褐色。开花 30 天,南北均有栽培。

6. 草木樨(*Melilotus suaveolens*)

草木樨(图 2-41)隶属于豆科(Fabaceae)草木樨属(*Melilotus*)。

一年生或二年生草本。三出羽状复叶,小叶长圆形至倒披针形;总状花序,腋生;花萼钟状;花冠黄色;荚果,卵球形;花期 6～8 月。生于山坡、田边、路旁、荒地草丛等地方,山西境内各地都有分布。

7. 紫苜蓿(*Medicago sativa*)

紫苜蓿(图 2-42)隶属于豆科(Fabaceae)苜蓿属(*Medicago*)。

图 2-41　草木樨

图 2-42　紫苜蓿

多年生草本，株高 30～100 cm。三出羽状复叶，小叶倒卵形、椭圆形至倒披针形；总状花序，腋生；花萼钟状；花冠紫色或蓝紫色；荚果，螺旋状卷曲；花期 5～7 月。栽培或野生于荒地、路旁，山西境内南北均有分布。

8. 芝麻(*Sesamum indicum*)

芝麻(图 2-43)隶属于胡麻科(Pedaliaceae)胡麻属(*Sesamum*)。

一年生直立草本，高达 1 m。茎四棱形，不分枝；叶对生或上部叶互生；叶片卵形或披针形；花单生或 2～3 朵生于叶腋；花萼稍合生，裂片披针形，有柔毛；花冠筒状，长 1.5～2.5 cm，白色有紫色或黄色彩晕；雄蕊 4；子房上位；蒴果长椭圆形；种子多个，色黑、白或淡黄；花期 7 月上旬至 8 月上旬，山西境内南部地区有栽培。

图 2-43　芝麻

9. 荞麦(*Fagopyrum esculentum*)

荞麦(图 2-44)隶属于蓼科(Polygonaceae)荞麦属(*Fagopyrum*)。

一年生草本,茎直立,高 30~90 cm。叶片宽三角形,有时畸形;花序总状或伞房状,顶生或腋生;苞片卵形,每苞内具 3~5 花;花色或淡红色;雄蕊 8;花药淡红色;果实黑褐色,三棱;花柱 3。花期 5~9 月。山西境内北部地区和中部地区有分布。

图 2-44 荞麦

10. 石竹(*Dianthus chinensis*)

石竹(图 2-45)别名洛阳花、石柱花,隶属于石竹科(Caryophyllaceae)石竹属(*Dianthus*)。

多年生草本,或一年生栽培草本。高约 30 cm。茎直立,簇生;叶披针状条形或条形;花顶生于分叉的枝端,单生或对生，有时呈圆锥状聚伞花序；花萼筒圆形；花色淡红、粉红或白色，花瓣5，瓣片扇状倒卵形；花下有4～6苞片，苞片卵形；雄蕊10；子房矩圆形，花柱2；蒴果圆筒形；种子卵形。花期5～9月。生于山坡草地、林缘。山西境内各地均有分布，但主要分布于北部及中部的天镇、平鲁、太原和洪洞等地。

图2-45　石竹

11. 柳叶菜（*Epilobium hirsutum*）

柳叶菜（图2-46）别名水丁香、地母怀胎草等，隶属于柳叶菜科（Onagraceae）柳叶菜属（*Epilobium*）。

多年生草本，茎直立，株高50～90 cm。叶草质，对生，茎上部的叶互生，椭圆状披针形或长椭圆形；总状花序直立，花蕾卵状长圆形；子房灰绿色至紫色；萼片长圆状线形，花瓣宽倒心形，玫瑰红、粉红或紫红色；花药乳黄色，长圆形；花柱直立，白色或粉红色；柱头白色，长稍高过雄蕊。蒴果长 2.5～9 cm；种子倒卵状，深褐色，易脱落。花期 6～8 月，生于海拔 1 300～1 900 m 沟边或丘陵低湿地。山西境内南北均有分布。

图 2-46 柳叶菜

12. 田旋花(*Convolvulus arvensis*)

田旋花(图 2-47)别名中国旋花、箭叶旋花和聋子花等，隶属于旋花科(Convolvulaceae)旋花属(*Convolvulus*)。

多年生草本。茎蔓性或缠绕，棱角或条纹；叶互生，卵状长圆形至披针形；花序腋生，有 1～3 花；花冠漏斗状，粉红色或白色；雄蕊 5，基部具鳞毛；子房 2 室，柱头 2；蒴果卵状球形或圆锥形；种子黑褐色。生于田边及荒坡草地上，山西境内各地均有分布。

图 2-47　田旋花

13. 红蓼(*Polygonum orientale*)

红蓼(图 2-48)别名狗尾巴花、水红花等,隶属于蓼科(Polygonaceae)蓼属(*Polygonum*)。

图 2-48　红蓼

一年生草本,高 1～3 m。茎直立,多分枝;叶片卵形或宽卵形,互生;总状花序,顶生或腋生,色淡红或白;苞片宽卵形；花淡红色；雄蕊 7；子房上位；花柱 2；瘦果近圆形，黑色。花期 6～9 月，生于村边路旁和水边湿地，野生或栽培，山西境内各地均有分布。

14. 马蔺（*Iris lactea* var. *chinensis*）

马蔺（图 2-49）别名马兰花、马莲和旱蒲等，隶属于鸢尾科（Iridaceae）鸢尾属（*Iris*）。

多年生密丛草本。根状茎粗壮，木质；须根粗而长，黄白色，少分枝。叶灰绿色，条形或狭剑形，基生；花茎光滑；苞片 3～5 枚，披针形，内包含有 2～4 朵花；花蓝色或蓝紫色；花药黄色，花丝白色；子房纺锤形；蒴果长圆柱形；种子为不规则的多面体，棕褐色。5～6 月开花，花期 50 天左右。生于路旁、山坡草地和荒坡等地方，山西境内各地均有分布。

图 2-49　马蔺

15. 蜀葵(*Althaea rosea*)

蜀葵(图 2-50)又名一丈红、麻杆花，隶属于锦葵科(Malvaceae)蜀葵属(*Althaea*)。

二年生草本，茎高可达 2～3 m，茎直立，不分枝。叶互生，近于卵圆形、心状圆形，边缘有齿；托叶卵形，顶端具 3 尖；花大，单生或簇生于叶腋，有红、紫、白、黄及黑紫等各色，单瓣或重瓣；花药黄色；子房多室；果实盘状。花期 6～8 月。山西境内各地均见栽培。

图 2-50　蜀葵

16. 夏枯草(*Prunella vulgaris*)

夏枯草(图 2-51)隶属于唇形科(Lamiaceae)夏枯草属(*Prunella*)。

多年生草本，根茎匍匐，自基部多分枝；叶卵状长圆形或卵圆形；轮伞花序密集组成顶生的穗状花序；苞片大，膜质，花萼钟状；花冠紫色、蓝紫色或红紫色；雄蕊 4，花药 2 室；黄褐色小坚果；花期 4～6 月。山西境内分布于晋南地区。

图 2-51 夏枯草

17. 车前(*Plantago asiatica*)

车前(图 2-52)隶属于车前科(Plantaginaceae)车前属(*Plantago*)。

多年生草本，株高 20～40 cm，有须根。基生叶直立，卵形或宽卵形；花葶数个，直立；穗状花序，具绿白色疏生花；苞片宽三角形，较萼裂片短；花萼有短柄，裂片倒卵状椭圆形至椭圆形；花冠裂片披针形。蒴果椭圆形，种子矩圆形，黑棕色。花期 6～8 月，果期 7～9 月。生于路边田埂、沟旁等地。山西境内均有分布。

图 2-52　车前

18. 二月兰(*Orychophragmus violaceus*)

二月兰(图 2-53)别名诸葛菜，隶属于十字花科(Brassicaceae)诸葛菜属(*Orychophragmus*)。

一年或二年生草本，高 15～50 cm。茎直立，有分枝，

图 2-53　二月兰

浅绿色或稍带紫色。基生叶，肾形或三角状卵形，有叶柄；茎生叶长圆形或窄卵形，无叶柄；顶生总状花序，淡紫色、浅红色或白色大花；花萼紫色，筒状；花瓣长卵形；长角果条形，种子卵形至长圆形，黑褐色。花、果期 4～6 月。生于山谷、荒坡野地和河滩路旁。山西境内中部太原和清徐以及南部垣曲、永济和阳城等地有分布。

19. 耧斗菜(*Aquilegia viridiflora*)

耧斗菜(图 2-54)隶属于毛茛科(Ranunculaceae)耧斗菜属(*Aquilegia*)。

图 2-54　耧斗菜

多年生草本，茎高可达 15～40 cm，上部常分枝。基生叶为二回三出复叶，较多；小叶卵状三角形，具柄；茎生叶较小。花序具 3～7 花；萼片黄绿色，长椭圆状卵形；花瓣黄绿色，倒卵形，瓣片顶端近截形；心皮密生腺毛，花柱与子房近等长。种子黑色，倒卵形。花期 5～6 月，果期 7 月。生于山地路边或河边湿草地。山西境内各大山区均有分布。

20. 夏至草(*Lagopsis supina*)

夏至草(图 2-55)隶属于唇形科(Lamiaceae)夏至草属(*Lagopsis*)。

多年生草本,茎高 15～25 cm,密被微柔毛,常在基部多分枝。叶片两面绿色;轮伞花序疏花;苞片刺状,弯曲;花萼钟形;花冠白色,稀粉红色;雄蕊 4,2 强,均内藏。小坚果长卵形,褐色。花期 3～4 月,果期 5～6 月。生于路旁、草地或旷地上。山西境内各地均有分布。

图 2-55　夏至草

21. 荠菜(*Capsella bursa-pastoris*)

荠菜(图 2-56)隶属于十字花科(Brassicaceae)荠属(*Capsella*)。

一年生或二年生草本,株高 15～50 cm。茎直立,有分枝或不分枝。基生叶丛生，具长叶柄；茎生叶狭披针形，基部抱茎。总状花序顶生和腋生；花小，色白；萼片长卵形。短角果倒三角形或倒心形；种子长椭圆形，淡褐色。花期4～6月。生于田边、地埂处，山西境内各地均有分布。

图 2-56　荠菜

22. 地黄(*Rehmannia glutinosa*)

地黄(图 2-57)隶属于玄参科(Scrophulariaceae)地黄属(*Rehmannia*)。

多年生草本，茎直立，高10～30 cm。叶片倒卵状披针形至长椭圆形，基生；总状花序顶生；花萼坛状；花冠紫红色；子房2室，花后渐变1室。蒴果卵形至长卵形。花期4～5月，果期6月。生于山坡草地及路边。山西境内中部和南部大部分地区均有分布。

图 2-57　地黄

第三章　山西省蜜源植物花粉形态

植物花粉形态特征是鉴定花粉类型的关键，近年来，花粉形态的分析鉴定在许多领域，如植物演化与环境演变、气候变化、地质勘探、犯罪侦探、农业、医药和食品等方面得到广泛应用。特别是在人们发现花粉所含的营养价值更高，并被称为“完全营养食品”之后，对花粉形态的分析和鉴定就显得尤为关键和重要（王开发等，1983）。

蜜源植物花粉形态的研究，是鉴定蜜源植物花粉类别、确定蜂蜜质量级别的重要手段，并且对检验花粉有无毒性和致敏花粉的含量也具有很重要的参考价值（蒋选利等，1994）。只有在了解蜜源植物花粉形态特征的基础上，才能对蜂蜜中所含的花粉进行准确的鉴定，所以了解掌握蜜源植物花粉形态特征是鉴定蜂产品质量的关键。

山西省作为我国重要的产蜜基地，享誉“华北蜜库”的美称，但是在蜜源植物花粉形态的研究中，仅有谢树莲等（1992，1993，1994）对山西省部分蜜源植物花粉形态进行了观察和描述。这些对于山西省蜜源植物而言，研究还稍显不足。

第一节 花粉概述

一、花粉的概念

花粉(pollen)是种子植物的繁殖器官,是花粉粒的总称。花粉粒有外壁和内壁两层,其中内壁由纤维素和果胶组成,相对于外壁来说,内壁很薄,抗性较差;外壁由孢粉素组成,较厚且比较坚固,在高温和强酸强腐蚀作用下都能保持原来的形态结构。所以花粉形态结构的鉴定,主要是鉴定花粉粒外壁的结构(王开发等,1983)。

花粉有单粒花粉、复合花粉、花粉小块和花粉块之分。一般而言,在成熟时,大部分的花粉会分散,形成的花粉就成为单粒花粉;而有些花粉成熟时会发生两粒以上花粉黏结在一起的情况,形成的花粉就成为复合花粉;部分花粉成熟时会发生一个药室中的许多花粉结合在一起,形成至少两块以上的花粉块,称为花粉小块;有些花粉成熟时会发生一个或多个药室花粉粒全部黏结在一起形成块状的现象,这种块状黏结物叫花粉块。花粉块的现象常见于兰科和萝藦科植物花粉形态结构中。

花粉富含葡萄糖、果糖、维生素和酶等营养物质。花粉的开发和利用具有广阔的前景,所以了解和掌握花粉的形态结构和种类等特征对花粉资源的开发利用具有十分重要的意义。

二、花粉的形态

花粉的形态包括其大小、形状、外壁的纹饰及其内部构造特点，是鉴定花粉科、属或种的重要依据。各类植物所产生的花粉形态各异，大小不同，外壁的纹饰及构造等也千变万化，各不相同。

(一)花粉的极性、对称性、大小和形状

1. 花粉的极性

为了方便花粉研究，假设花粉的近极点为每一个花粉的四分体的中心点，远极点是由近极点和中心点之间的连线延长到外面的交点。极轴是近极点与远极点之间的连线。沿花粉两极之间表面的中线为赤道。赤道轴为通过花粉的中心并且垂直于极轴的线，赤道面是赤道轴所在的平面。近极面是以赤道轴为界靠近近极的一面，而远极面则是靠近远极的一面。

2. 花粉的对称性

花粉大多具有一定的形态，具有对称性。花粉的对称性取决于其在四分体中排列的方式。一般把花粉的对称性分为三种类型:左右对称型、完全对称型和辐射对称

型。左右对称型花粉有等极和不等极之分，等极的有一个水平的对称面和两个垂直的对称面共 3 个；不等极的只有两个垂直对称面。完全对称的花粉大多为球形，赤道面和两极都不容易区分。辐射对称型的花粉有 3 个以上的对称面，往往不易区分近极和远极。

3. 花粉的大小、形状

大部分植物花粉的大小和形状各不相同，花粉的大小指的是花粉范围的相对大小，其实无论哪种植物的花粉都非常小，人类肉眼不可见。一般而言，植物花粉的大小也有不同，有的花粉属于非常小的，花粉直径小于 10 μm；有的直径比较小，在 10～25 μm；有的花粉直径处于中间，在 25～50 μm；有的直径比较大，在 50～100 μm；有的直径很大，在 100～200 μm。

植物花粉的形状也有很大差别，其形成与萌发器官的类型和四分体排列的方式有关。花粉多为球形，根据极轴与赤道轴的比例关系，可大体划分为几种类型：赤道轴长于极轴的称为扁球形（两者比值为 0.816～0.88）；特别扁的称为超扁球形（两者比值小于 0.5）；相反地，极轴长于赤道轴的称为长球形（两者比值为 1.14～2），比较圆的称为近球形（两者比值为 0.88～1.14），特别长的称为超长球形（两者比值约大于 2）。

(二)花粉的萌发器官

花粉的萌发器官是其重要形态特征。花粉上的孔、沟都是其萌发器官,而这些孔、沟的位置、特征和数目是鉴定花粉所属类群的重要依据。

花粉的外壁表面上有某些区域比较薄,叫萌发孔。花粉萌发时,花粉管从这些比较薄的区域伸出。按照萌发孔的长宽比例不同,可分为孔和沟两类。不同种类的花粉,其孔和沟的数目、结构和位置都各不相同,而这些特征是鉴定花粉类型的重要依据。还有的花粉其萌发器官不明显,在花粉的外壁表面上看不出明显的孔沟构造。也有一些花粉沟和孔共同组成的萌发孔,称为孔沟或沟孔。

三、花粉壁的构造与纹饰

花粉壁的构造与纹饰同样是鉴定花粉类型的重要指标。

(一)花粉壁的构造

花粉壁由内壁和外壁组成,但是内壁很容易被破坏掉,所以往往只能观察到外壁的组成情况。花粉壁外壁分为外壁内层、柱状层和覆盖层3层。

花粉外壁的结构是指外壁物质排列的方式,有覆盖层、半覆盖层和无覆盖层几种。覆盖层有穿孔和无穿孔两类，无穿孔的反映在表面上为颗粒状纹饰；穿孔的反映在表面上为穴状纹饰。半覆盖层的反映在表面上为大网状纹饰。无覆盖层的反映在表面为棒、刺状纹饰。

（二）花粉的纹饰

花粉的纹饰受花粉覆盖层上突起的类型及外壁外层分子（柱状层）的排列方式影响。不同类群的植物，其花粉的纹饰也各不相同。花粉的纹饰包括肌理和雕纹。其中肌理是由柱状层的排列方式不同而反映在表面上的网状、瘤状和颗粒状等各种纹饰。雕纹是由覆盖层上的突起变化所形成的刺状、瘤状、网状和颗粒状等纹饰。

一般而言，花粉外壁的纹饰可以分为疣状、瘤状、棒状、刺状、条纹状、穴状、网状、脑纹状和颗粒状9种类型。

第二节　山西省蜜源植物花粉形态

一、具沟的花粉类型

1. 垂丝海棠（*Malus halliana* Koehne.）（图版Ⅰ：1a，1b，1c）

垂丝海棠隶属于蔷薇科（Rosaceae）苹果属（*Malus* Mill.）。

花粉长球形，极面观圆形，赤道面观长椭圆形。极轴长 42.1（35.2～49.8）μm，赤道轴长 25.9（22.0～38.4）μm，P/E 1.65。具 3 沟，沟明显而宽。外壁表面具条纹状纹饰。

2. 贴梗海棠（*Chaenomeles speciosa*（Sweet）Nakai）（图版Ⅰ:2a,2b,2c）

贴梗海棠隶属于蔷薇科（Rosaceae）木瓜属（*Chaenomeles* Lindl.）。

花粉球形，极面观三裂圆形，赤道面观椭圆形。极轴长 30.0（27.0～34.3）μm，赤道轴长 32.6（28.0～37.2）μm，P/E 0.92。具 3 沟。外壁表面具条纹状纹饰。

3. 泡桐（*Paulownia fortunei* Hemsl.）（图版Ⅰ:3a,3b,3c）

泡桐隶属于玄参科（Scrophulariaceae）泡桐属（*Paulownia* Sieb. et Zucc.）。

花粉近长球形，极面观三裂圆形，赤道面观椭圆形。极轴长 20.1（18.2～22.6）μm，赤道轴长 15.8（11.4～18.4）μm，P/E 1.30。具 3 沟，沟宽而浅。外壁表面具网状纹饰。

4. 柽柳（*Tamarix chinensis* Lour.）（图版Ⅰ:4a,4b,4c）

柽柳隶属于柽柳科（Tamaricaceae）柽柳属（*Tamarix* L.）。

花粉球形，极面观三裂圆形，赤道面观椭圆形。极轴长 15.8（14.0～18.4）μm，赤道轴长 16.0（13.7～17.9）μm，P/E 0.99。具 3 沟，沟狭长。外壁表面具网状纹饰，网眼大小不一。

5. 百里香（*Thymus mongolicus* Ronn.）（图版Ⅱ：1a，1b，1c）

百里香隶属于唇形科（Lamiaceae）百里香属（*Thymus* L.）。

花粉近扁球形或球形，极面观圆形。极轴长 16.9(15.4～19.5) μm，赤道轴长 19.1（17.7～21.6）μm，P/E 0.88。具 6 沟，沟细长。外壁表面具网状纹饰。

6. 荆条（*Vitex negundo* var. *heterophylla*（Franch.）Rehd.）（图版Ⅱ：2a，2b，2c）

荆条隶属于马鞭草科（Verbenaceae）牡荆属（*Vitex* L.）。

花粉长球形，极面观圆形，赤道面观椭圆形。极轴长 12.1（9.9～13.1）μm，赤道轴长 8.8（7.7～10.2）μm，P/E 1.37。具 3 沟，沟细长。外壁表面具网状纹饰。

7. 芝麻（*Sesamum indicum* L.）（图版Ⅱ：3a，3b，3c）

芝麻隶属于胡麻科（Pedaliaceae）胡麻属（*Sesamum* L.）。

花粉近扁球形或球形，极面观圆形。极轴长 31.1（28.7～35.8）μm，赤道轴长 35.8（33.0～40.3）μm，

P/E 0.87。具多沟，沟数为 12 条。外壁两层，外层厚于内层，外壁表面具颗粒-网状纹饰。

8. 油菜（*Brassica campestris* L.）（图版Ⅱ:4a,4b,4c）

油菜隶属于十字花科（Brassicaceae）芸薹属（*Brassica* L.）。

花粉近长球形或长球形，极面观圆形。极轴长 18.2（14.6～20.8）μm，赤道轴长 13.9（10.9～15.3）μm，P/E 1.32。具 3 沟或 4 沟，沟细长。外壁层次明显，内层薄，外层厚，表面具明显的粗网状纹饰。

9. 益母草（*Leonurus heterophyllus* Sweet）（图版Ⅲ：1a,1b,1c）

益母草隶属于唇形科（Lamiaceae）益母草属（*Leonurus* L.）。

花粉长球形，极面观为三裂圆形。极轴长 34.5(28～38）μm，赤道轴长 25.5(21～31.5）μm，P/E 1.35。具 3 沟，沟狭长，具沟膜，上有细颗粒。外壁厚度约 1.7 μm，内外层等厚。表面具细网状纹饰。

10. 马蔺（*Iris lactea* var. *chinensis* Thunb.）（图版Ⅲ：2a,2b,2c）

马蔺隶属于鸢尾科（Iridaceae）鸢尾属（*Iris* L.）。

花粉左右对称，椭圆形，大小为（75.5～102）μm×

(108～162) μm,体积较大。具单沟。外壁外层厚于内层,表面具清楚的网状雕纹,网较细,镜筒下降时,可见网脊由单行大颗粒所组成。

11. 夏枯草(*Prunella vulgaris* Linn.)

夏枯草隶属于唇形科(Lamiaceae)夏枯草属(*Prunella* L.)。

花粉近长球形至球形,极面观圆形,赤道面观椭圆形。极轴长 41(34～50) μm,赤道轴长 36(29～39.5) μm,P/E 1.14。具 6 沟,外壁两层明显,外层厚,具基柱,表面具网状雕纹,当镜筒下降时,可见网脊由颗粒组成,网至沟边缘变细。轮廓线不平。

二、具孔的花粉类型

1. 核桃(*Juglans regia* L.)(图版Ⅲ:3a,3b,3c)

核桃隶属于胡桃科(Juglandaceae)胡桃属(*Juglans* L.)。

花粉扁球形或近扁球形,极面观为多边形。花粉大小为 43(36～57) μm×54.5(45～72) μm。具 10～16 个孔,孔排列于赤道上或稍偏于一极,孔周围具明显盾状区。外壁外层厚于内层,表面具细颗粒状纹饰。

2. 红蓼(*Polygonum orientale* L.)(图版Ⅲ:4a,4b,4c)

红蓼隶属于蓼科(Polygonaceae)蓼属(*Polygonum* L.)。

花粉球形，直径约 60 μm。具散孔。外壁两层，表面具网状纹饰，网脊明显。

3. 田旋花(*Convolvulus arvensis* L.)(图版Ⅳ:1a,1b,1c)

田旋花隶属于旋花科(Convolvulaceae)旋花属(*Convolvulus* L.)。

花粉扁球形至球形，直径 65.2 (49.0～79.0) μm。具散孔，孔数目 15～20 个，均匀分布于花粉球面上。孔圆形，凹陷，直径约 6 μm，孔间距约 15 μm，孔膜上具颗粒。外壁厚约 6 μm，表面具网状纹饰和明显的微刺，网眼形状和大小不一。

4. 蜀葵(*Althaea rosea* (Linn.) Cavan.)(图版Ⅳ:2a,2b,2c)

蜀葵隶属于锦葵科(Malvaceae)蜀葵属(*Althaea* L.)。

花粉球形，直径 130.3 (114.2～146.6) μm。具散孔。外壁表面分布有两种刺:大刺长约 10 μm，基部圆，末端尖;小刺长约 3 μm，基部圆，末端钝圆。

5. 柳叶菜(*Epilobium hirsutum* Linn.)(图版Ⅳ:3a,3b,3c)

柳叶菜隶属于柳叶菜科(Onagraceae)柳叶菜属(*Epilobium* L.)。

花粉近扁球形，极面观近三角形，赤道直径约 68.9

(60.3～73.1) μm。具 3 萌发孔，孔圆形，向外突出。外壁内层在萌发孔处加厚。外壁表面具条纹状纹饰。具长黏丝。

6. 石竹(*Dianthus chinensis* L.)(图版Ⅳ:4a,4b,4c)

石竹隶属于石竹科(Caryophyllaceae)石竹属(*Dianthus* L.)。

花粉球形，直径 50.1 (46.7～54.1) μm。具散孔，孔的数目约 17 个，均匀分布于花粉球面上。孔圆形，直径约 4 μm，孔间距约 11.5 μm，孔膜上具颗粒。外壁厚约 4.5 μm，表面有明显的微刺。

7. 棉花(*Gossypium* spp.)(图版Ⅴ:1a,1b,1c)

棉花隶属于锦葵科(Malvaceae)棉属(*Gossypium* L.)。

花粉球形，直径 67.5(59.7～81.9) μm。具散孔，孔大，数目少，5～8 个，外壁表面具刺状纹饰。

三、具孔沟的花粉类型

1. 板栗(*Castanea mollissima* Blume.)(图版Ⅴ:2a,2b,2c)

板栗隶属于壳斗科(Fagaceae)栗属(*Castanea* Mill.)。

花粉长球形，极面观圆形，赤道面观椭圆形。极轴长

16.5（14.0～18.0）μm，赤道轴长12.2（11.0～13.4）μm，P/E 1.36。具3孔沟，孔横长，两端钝圆，沟狭长，与孔交叉呈十字形。外壁表面具条网状纹饰。

2. 栾树（*Koelreuteria paniculata* Laxm.）（图版Ⅴ：3a，3b，3c）

栾树隶属于无患子科（Sapindaceae）栾树属（*Koelreuteria* Laxm.）。

花粉近扁球形，极面观近三角形，赤道面观长椭圆形，两端钝圆。极轴长22.5（17.9～26.3）μm，赤道轴长27.4（21.2～30.7）μm，P/E 0.83。具3孔沟，孔圆，有规则地排列在赤道面上，沟细长。外壁表面具条纹状纹饰。

3. 文冠果（*Xanthoceras sorbifolia* Bunge）（图版Ⅴ：4a，4b，4c）

文冠果隶属于无患子科（Sapindaceae）文冠果属（*Xanthoceras*）。

花粉球形，极面观三裂圆形，赤道面观宽椭圆形。极轴长38.3（33.4～44.6）μm，赤道轴长37.3（25.4～43.8）μm，P/E 1.04。具3孔沟，孔突出明显，沟狭长。外壁表面具刺状纹饰。

4. 山楂（*Crataegus pinnatifida* Bge.）（图版Ⅵ：1a，1b，1c）

山楂隶属于蔷薇科（Rosaceae）山楂属（*Crataegus* L.）。

花粉球形，极面观三裂圆形，赤道面观椭圆形。极轴长 32.6（27.2～38.2）μm，赤道轴长 31.4（23.8～39.0）μm，P/E 1.05。具 3 孔沟，沟宽。外壁表面具条网状纹饰。

5. 紫丁香（*Syringa oblata* Lindl.）（图版Ⅵ：2a，2b，2c）

紫丁香隶属于木樨科（Oleaceae）丁香属（*Syringa* L.）。

花粉球形，极面观圆形，赤道面观椭圆形。极轴长 29.1（25.2～31.9）μm，赤道轴长 30.1（25.0～33.1）μm，P/E 0.97。具 3 孔沟，沟细长。外壁表面具网状纹饰，网眼大小形状不一致。

6. 黑枣（*Diospyros lotus* L.）（图版Ⅵ：3a，3b，3c）

黑枣隶属于柿树科（Ebenaceae）柿树属（*Diospyros* L.）。

花粉球形，极面观圆形，赤道面观宽椭圆形，两端钝圆。极轴长 39.3（37.0～42.4）μm，赤道轴长 37.0（33.2～41.8）μm，P/E 1.06。具 3 孔沟，孔横长，中间有些缢缩，沟宽而深，与孔呈十字交叉。外壁表面具条纹状纹饰。

7. 西府海棠（*Malus micromalus* Makino.）（图版Ⅵ：4a，4b，4c）

西府海棠隶属于蔷薇科（Rosaceae）苹果属（*Malus* Mill.）。

花粉近长球形，极面观三裂圆形，赤道面观长椭圆形。极轴长 28.1（22.8～30.3）μm，赤道轴长 21.4（18.9～25.1）μm，P/E 1.32。具 3 孔沟。外壁表面具条纹状纹饰。

8. 荞麦（*Fagopyrum esculentum* Moench.）（图版Ⅶ：1a，1b，1c）

荞麦隶属于蓼科（Polygonaceae）荞麦属（*Fagopyrum* Mill.）。

花粉近长球形，极面观三裂圆形。极轴长 19.3（17.5～22.4）μm，赤道轴长 15.7（13.7～18.0）μm，P/E 1.22。具 3 孔沟，沟细长，明显，内孔横长。外壁外层厚于内层，具有明显的基柱，表面具网状纹饰。

9. 酸枣（*Ziziphus jujuba* var. *spinosa*（Bunge）Hu ex H. F. Chow.）（图版Ⅶ：2a，2b，2c）

酸枣隶属于鼠李科（Rhamnaceae）枣属（*Ziziphus* Mill.）。

花粉近扁球形，极面观近三角形，赤道面观椭圆形。极轴长 17.0（15.5～19.1）μm，赤道轴长 20.5（16.7～22.5）μm，P/E 0.83。具 3 孔沟，孔小，沟细长。外壁表面具皱网状纹饰。

10. 石榴（*Punica granatum* L.）（图版Ⅶ：3a，3b，3c）

石榴隶属于石榴科（Punicaceae）石榴属（*Punica* L.）。

花粉球形，极面观三裂圆形，赤道面观椭圆形。极轴长 24.1（20.7～26.1）μm，赤道轴长 22.4（19.7～24.7）μm，P/E 1.07。具3孔沟，孔大，卵形，外突；沟浅，末端尖。外壁表面具皱波状纹饰。

11. 黄蔷薇（*Rosa hugonis* Hemsl.）（图版Ⅶ:4a,4b,4c）

黄蔷薇隶属于蔷薇科（Rosaceae）蔷薇属（*Rosa* L.）。

花粉球形，极面观三裂圆形，赤道面观椭圆形。极轴长 29.2（26.0～31.6）μm，赤道轴长 29.6（25.6～32.4）μm，P/E 0.99。具3孔沟。外壁表面具条纹状纹饰。

12. 青麸杨（*Rhus potaninii* Maxim）（图版Ⅷ:1a,1b,1c）

青麸杨隶属于漆树科（Anacardiaceae）盐肤木属（*Rhus* L.）。

花粉长球形，极面观为三裂圆形。极轴长 29.6（27.8～33.1）μm，赤道轴长 22.6（20.8～24.4）μm，P/E 1.31。具3孔沟，沟细长，边缘略加厚，内孔横长，与沟相交呈十字形。外壁内外层厚度相等，表面具模糊的细网状纹饰。

13. 山皂荚（*Gleditsia japonica* Miq.）（图版Ⅷ:2a,2b,2c）

山皂荚隶属于豆科（Fabaceae）皂荚属（*Gleditsia* L.）。

花粉长球形，极面观三裂圆形。极轴长 30.2（26.8～

33.6) μm,赤道轴长 20.0 (18.4～21.6) μm,P/E 1.51。具 3 孔沟,沟宽,具沟膜。外壁分层不明显,表面具网状纹饰。

14. 紫穗槐(*Amorpha fruticosa* L.)(图版Ⅷ:3a,3b,3c)

紫穗槐隶属于豆科(Fabaceae)紫穗槐属(*Amorpha* L.)。

花粉近球形,极面观近三角形。极轴长 31.1(28.2～34.0) μm,赤道轴长 28.5(24.1～32.8) μm,P/E 1.09。具 3 孔沟,沟长,边缘不平整,内孔大而明显。外壁外层较内层厚,表面具细网状纹饰,网眼圆,大小一致。

15. 五加(*Acanthopanax gracilistylus* W. W. Smith)(图版Ⅷ:4a,4b,4c)

五加隶属于五加科(Araliaceae)五加属(*Acanthopanax* Miq.)。

花粉长球形至近球形,极面观三角形。具 3(或 4)孔沟,沟细长,内孔横长,两端界限不明显。外壁外层略厚于内层或几乎相等。表面具细网状纹饰,网眼较圆,花粉轮廓线不平。

16. 金银忍冬(*Lonicera maackii* (Rupr.) Maxim.)(图版Ⅸ:1a,1b,1c)

金银忍冬隶属于忍冬科(Caprifoliaceae)忍冬属(*Lonicera* L.)。

花粉扁球形，极面观近三角形，极轴长 49.8（45.0～54.6）μm，赤道轴长 59.3（52.6～66）μm，P/E 0.84。具 3 孔沟，沟中部宽，两端变狭，内孔大，横长，椭圆形。外壁外层较内层厚，表面具均匀分布的小刺。

17. 牛奶子（*Elaeagnus umbellate* Cheng）（图版Ⅸ：2a，2b，2c）

牛奶子隶属于胡颓子科（Elaeagnaceae）胡颓子属（*Elaeagnus* L.）。

花粉扁球形，极轴长 38（35.5～45）μm，赤道轴长 53（51～59）μm，P/E 0.72。沟较细，外壁较薄。极面观为钝 3（或 4）角形。具 3（或 4）孔沟，沟较短，边缘不平，内孔圆而大，显著外凸，沟及内孔边缘外壁加厚。外壁内外层约等厚，表面具模糊的细网状纹饰。

18. 华北珍珠梅（*Sorbaria kirilowii*（Regel）Maxim.）（图版Ⅸ：3a，3b，3c）

华北珍珠梅别名珍珠梅，隶属于蔷薇科（Rosaceae）珍珠梅属（*Sorbaria*（Ser.）A. Br. ex Aschers）。

花粉球形，直径为 20.5（18.5～21）μm。具 3 孔沟。外壁层次不明显，表面具模糊的条纹状纹饰。

19. 臭椿（*Ailanthus altissima*（Mill.）Swingle）（图版Ⅸ：4a，4b，4c）

臭椿隶属于苦木科（Simaroubaceae）臭椿属（*Ailan-*

thus Desf.)。

花粉近球形，极轴长 30(26.5～32.5) μm，赤道轴长 28(26.5～31) μm，P/E 1.07。具 3 孔沟，沟端截形，沟膜上具颗粒，内孔横长，轮廓较模糊，与沟相交呈十字形。外壁外层较内层厚，表面为条纹状纹饰，沟边为细条纹，当镜筒向下时，条纹为颗粒所组成。

20. 草木樨(*Melilotus suaveolens* Ledeb.)(图版 Ⅹ：1a,1b,1c)

草木樨隶属于豆科(Fabaceae)草木樨属(*Melilotus* Adans.)。

花粉近长球形，极面观近圆形。极轴长 17.1 (15.3～18.3) μm，赤道轴长 13.0 (11.2～14.6) μm，P/E 1.32。具 3 孔沟，孔圆，沟细长，末端尖，孔大，圆形。外壁层次明显，外层厚于内层，表面具细网状纹饰。

21. 紫苜蓿(*Medicago sativa* L.)(图版 Ⅹ：2a,2b,2c)

紫苜蓿隶属于豆科(Fabaceae)苜蓿属(*Medicago* L.)。

花粉近球形，极面观圆形。极轴长 21.1(18.1～23.4) μm，赤道轴长 20.7 (19.3～23.9) μm，P/E 1.02。具 3 孔沟，孔圆，沟细长，末端渐尖或稍钝，孔不明显。外壁层次明显，外层稍厚于内层，表面具不明显的细颗粒纹饰。

22. 刺槐(*Robinia pseudoacacia* L.)(图版Ⅹ:3a,3b,3c)

刺槐隶属于豆科(Fabaceae)洋槐属(*Robinia* L.)。

花粉近长球形或长球形,少数为球形,极面观圆形。极轴长 18.2 (15.3～21.1) μm,赤道轴长 15.4 (13.2～17.1) μm,P/E 1.19。具 3 孔沟,孔圆,沟线条形。外壁分层不明显,表面具模糊的细网纹饰。

23. 向日葵(*Helianthus annuus* L.)(图版Ⅹ:4a,4b,4c)

向日葵隶属于菊科(Asteraceae)向日葵属(*Helianthus* L.)。

花粉球形,直径 18.6 (17.0～20.4) μm。具 3 孔沟,沟短,边缘整齐,不加厚,内孔横长,呈扁圆形。外壁外层厚于内层,表面具刺状纹饰,刺长 7～8 μm,刺末端尖。

24. 紫荆(*Cercis chinensis* Bunge)(图版Ⅺ:1a,1b,1c)

紫荆隶属于豆科(Fabaceae)紫荆属(*Cercis* Linn.)。

花粉近球形,极面观为钝圆三角形。极轴长 25 (25～27) μm,赤道轴长 23 (18～25) μm,P/E 1.09。具 3 孔沟,沟纺锤形,两端渐尖,具沟膜,沟的中央缢缩将部分内孔遮盖,内孔纵长矩形,轮廓不甚明显。外壁内外层约等厚,表面具细网状纹饰。

25. 蒲公英(*Taraxacum mongolicum* Hand. -Mazz.)(图版Ⅺ:2a,2b,2c)

蒲公英隶属于菊科(Asteraceae)蒲公英属(*Taraxacum* F. H. Wigg.)。

花粉近球形,直径为 31.1(27.4～34.8) μm。具 3 孔沟,沟长不明显。外壁外层厚于内层,外壁具网胞,表面具刺状纹饰,刺长约 3 μm。

26. 连翘(*Forsythia suspense*(Thunb.) Vahl.)

连翘隶属于木犀科(Oleaceae)连翘属(*Forsythia* Vahl.)。

花粉扁球形,极轴长 29 (27～30) μm,赤道轴长 32.5 (30～36) μm,P/E 0.89。具 3 孔沟,内孔圆形,外壁外层厚于内层,表面具网状纹饰,网眼大小不一致。在镜筒下降时,网脊成为清楚的单行颗粒。

四、复合花粉类型

1. 合欢(*Albizzia julibrissin* Durazz.(图版Ⅺ:3a,3b,3c)

合欢隶属于豆科(Fabaceae)合欢属(*Albizzia* Durazz.)。

花粉呈 16 合体,扁球形,上下各排列有 4 粒呈方形的花粉粒，周围排列有8颗花粉粒，大小为31.0（24.8～35.0）μm×27.9（24.1～31.4）μm。外壁几乎光滑。

五、具气囊花粉类型

1. 油松（*Pinus tabulaeformis* Carr.）（图版Ⅺ：4a，4b，4c）

油松隶属于松科（Pinaceae）松属（*Pinus* L.）。

花粉具两个明显而发达的气囊，全长89.5（76.3～104.3）μm，体长58.9（49.0～67.0）μm，体高41.0（34.4～47.3）μm。极面观花粉体呈椭圆形，气囊为半圆形；侧面观花粉体近椭圆形，两气囊展开的角度较大。体上具颗粒状纹饰，气囊上具明显的网状雕纹，网眼大小不一。

第四章　蜂蜜孢粉学研究动态

蜂蜜是备受大众青睐的一种保健食品，其营养价值非常高，具有抗菌消炎、润肺止咳、美容和增强细胞免疫功能等多种功效。花粉是天然蜂蜜的重要标志，而蜂蜜孢粉学是研究蜂蜜中花粉的科学，对确定蜂蜜的种类、品质和产地，蜂蜜的掺假检测，蜂蜜中有毒花粉的鉴别，确保消费者的食用安全等方面具有指导意义（赵风云等，2007）。

近年来，世界各国对进口蜂蜜十分重视花粉问题，对蜂蜜的质量检测通常要求加上孢粉学指标（孙桂英，1996；Livia P O 等，2004）。例如，据我国一家蜂蜜进出口公司反映，他们出口到国外的一批椴树蜜，曾因孢粉学指标不合格被买方提出索赔，造成很大损失（王工，1998）。由此可见，孢粉学指标越来越凸显出它的重要性。

蜂蜜孢粉学（melissopalynology）是研究蜂蜜中花粉的科学，是孢粉学的一个重要分支。其主要任务是通过对蜂蜜中的花粉分析及蜜源植物花粉形态比较研究，来确定蜂蜜的来源、产地和种类。对蜂蜜中有毒花粉形态的分析鉴别，可以确保蜂蜜消费者的食用安全。对来自不同蜂种的蜂蜜中的花粉分析，有助于研究蜜蜂的种间竞争（赵风云等，2007）。

第一节　国外蜂蜜孢粉学研究

国外蜂蜜孢粉学研究的历史可以追溯到19世纪末，早在1895年Pfister开始利用光学显微镜观察了产自瑞士、法国和北欧一些国家的蜂蜜中的花粉，据此来推断、确定蜂蜜的地区来源（Wodehouse R P，1935）。在接下来的一个多世纪里，欧洲、美洲和亚洲的许多国家，如西班牙、意大利、巴西、阿根廷和印度等国家，立足于本国的植物资源，相继开展了大量的蜂蜜孢粉分析工作，积累了丰富的研究资料，主要集中在通过蜂蜜花粉的分析鉴定蜂蜜的品质，鉴定蜜源植物的来源和花期等方面（宋晓彦等，2009）。

一、西班牙

Jato等1991年对西班牙西北部奥伦塞地区94个蜂蜜样品进行了定量的孢粉分析，确定了该地区主要的蜜源植物有欧洲板栗（*Castanea sativa* Mill.）、悬钩子属（*Rubus* spp.）、百脉根（*Lotus corniculatus* Linn.）和杜鹃花科(Ericaceae)。次年,Seijo 等对拉科鲁尼亚 60 个蜂蜜样品进行了花粉分析,其中 37 个样品为多花蜜,23 个为单花蜜。栗属(*Castanea*)、桉属(*Eucalyptus*)、悬钩子属、石南属(*Erica*)和染料木属(*Genista*)花粉组合在 87%的样品中存在,该花粉组合特征可用于鉴别本地区的蜂蜜。1994 年,Ortiz 研究发现了蜂蜜和花粉样品中半日花科(Cistaceae)植物花粉的存在,结果证明半日花科植物可以作为西班牙西南部地区蜜蜂的食物来源。1997 年,Diaz Losada 等研究了采自加利西亚省 6 个不同养蜂场的 20 个蜂蜜和花粉样品,结果表明,花蜜是当地主要的蜂蜜来源,而金雀儿(*Cytisus scoparius* (L.) Link.)、欧洲板栗、悬钩子属、夏栎(*Quercus robur* L.)和石南属等植物是当地主要的花粉源。同年,Seijo 等分析了该省 530 个蜂蜜样品,并报道了其中 212 个单花蜜的地理来源。2001 年,Perez-Atanes 等研究了加利西亚省 30 个蜂蜜样品中的真菌孢子,并探讨了样品中真菌孢子和花粉数量之间的关系。同期,Seijo 和 Jato 为了解栗属花粉在加利西亚蜂蜜中的重要性,对 599 个蜂蜜样品进行了花粉分析。2002 年,Herrero 等分析了采自利昂和帕伦西亚的 89 个蜂蜜样品,根据蜂蜜中花粉的组成,确定了 46 个样品为单花蜜。同时,聚类和相关分析结果表明从地理和植物的角度对蜂蜜进行品质鉴定是行之有效的。2004

年，Terrab 等研究了西班牙 25 个百里香蜂蜜初步的孢粉学特征。2006 年，De Sa-Otero 等对西班牙西北部 11 个蜂蜜样品进行了定性和定量的分析，其结果表明不同种类的蜂蜜其花粉组成也不同。2008 年，De Sa-Otero 和 Armesto-Baztan 对采自阿拉里兹马不同养蜂场的 45 个样品进行了蜂蜜孢粉学的定性和定量研究。

二、意大利

Ferrazzi 在 1992 年阐述了蜂蜜孢粉学的研究目的和意义以及在意大利的研究概况。1995 年 Oddo 等利用感官、显微观察（主要是定性和定量的蜂蜜孢粉分析）和理化特性分析对 14 种意大利单花蜜的特征进行了综合研究。1996 年 Floris 等对 150 个撒丁蜂蜜（包括 87 个多花蜜和 63 个单花蜜）进行了定量的花粉分析，其主要目的是通过检测蜂蜜中花粉的绝对数目来确定撒丁蜂蜜的等级。1997 年 Poiana 等对意大利市售的 198 个蜂蜜样品进行了孢粉学、化学、物理化学和感官特性的综合分析，通过研究确定了这些蜂蜜样品的植物来源以及可能的进口国。

三、希腊

Dimou 等 2006 年对希腊四个不同地区的 73 个冷杉

和松粉蜂蜜样品进行了显微观察，结果显示借助显微分析能够将不同植物来源的松粉和冷杉蜜露蜂蜜区分开，但并不能鉴别蜂蜜的地理来源。同年，Karabournioti 等对产自不同区域的 180 种希腊百里香蜂蜜进行了花粉分析，并利用判别模型来预测这些蜂蜜的地理来源。

四、巴西

Ramalho 等 1991 年通过对圣保罗和巴拉纳地区 256 个蜂蜜样品的花粉分析确定了这些蜂蜜的特征和蜜源植物。1998 年 Barth 和 Da Luz 研究了采自里约热内卢瓜纳巴拉海湾附近的红树林区域的蜂蜜样品和西方蜜蜂携带的花粉，分析结果表明，蜜蜂经常从杂草植物和作物摄取花粉，而从典型的红树林植物摄取的花粉很少。2004 年 Barth 对巴西蜂蜜孢粉学的研究历史和现状进行了总结。2007 年 Sodre 等分析鉴定了采自皮奥伊州和塞阿拉州的 58 个蜂蜜样品中的花粉，并证实了 2～8 月期间可以作为蜜源的主要植物。2009 年 De Novais 等分析了巴西东部半干旱地区巴伊亚的西方蜜蜂（*Apis mellifera* L.）采食的花粉类型的植物来源，而且评估了气候因素对花粉样品成分的影响。De Novais 等在研究区域中鉴定出 46 种花粉类型，其中豆科植物的花粉占有非常重要的地位。并且观察到花粉类型的丰富程度与降水量有直接的关系，反映了这一气候因子对开花的强烈影响，从而影响蜜蜂获得食物资源的能力。2010 年 Oliveira 等研究了巴西巴伊亚洲卡丁加植被地带的蜂蜜样品，通过分析采自新苏雷市卡丁加植被群落区的 17 个蜂蜜样品，共鉴定 73 种花粉类型，分属于 30 科、64 属、30 种，其中占优势的几个科是：含羞草科（Mimosaceae）、苏木科（Caesalpiniaceae）、茜草科（Rubiaceae）和豆科。从蜂蜜样品所含的花粉类型来看，带有明显的卡丁加植物类群的色彩，支持了这些蜂蜜样品的产地是来自于具有卡丁加植物类群的区域。2011 年 de Camargo Carmello Moreti 等研究了巴西圣保罗州平达莫尼扬加巴地区西方蜜蜂的花粉来源。2004 年 10～11 月和 2005 年 4～10 月分别从 6 个蜂箱中取出非洲蜜蜂，分析采食的花粉，从而识别其来源。结果表明，桉树属（*Eucalyptus*）、杨梅属（*Myrcia*）、阿那豆属（*Anadenanthera*）、喜林芋属（*Philodendron*）和棕榈科（Arecaceae）等花粉类型在两年的研究中都占优势，号角树属（*Cecropia*）和臭野牡丹（*Miconia ligustroides*）仅在 2004 年的研究中观察到，而百日草（*Zinnia elegans*）仅在 2005 年的样品中发现。结果证明，桉树属和杨梅属等植物是该地区蜜蜂重要的花粉来源。此外，臭野牡丹、百日草和禾本科（Poaceae）等植物在大范围出现的情况下，也能作为蜜蜂的花粉来源。同年，Sereia 等对 17 个西方蜜蜂生产的蜂蜜样品(包括11个有机样品,6个无机样品)进行理化特性和花粉分析。根据对样品中花粉的定量分析和花粉类型出现的频度分析,得出41.2%的样品属于单花蜜,其他属于多花蜜。2012年,Pinto da Luz等分析了采自瓜纳巴拉湾和马兰瓜湾红树林区域(以拉关木*Laguncularia racemosa*为主)两个不同养蜂场的蜂蜜样品,结果表明蜂蜜中的花粉类型主要以拉关木为主。2013年,Sekine等研究了新奥罗拉与乌比拉唐等地每月采集的蜂蜜样品和植物,对当地养蜂业的潜力植物开展调查。结果表明:所调查的植物分属66科、208种,其中以菊科(Asteraceae)、桃金娘科(Myrtaceae)和茄科(Solanaceae)植物占优势。蜂蜜样品中鉴定出80种孢粉类型,其中大多数被认为是外来物种。大豆(*Glycine max*)和桉树(*Eucalyptus* spp.)等栽培植物的花粉在一年中的某几个月里非常具有代表性。外来物种如蓖麻(*Ricinus communis*)和苦楝(*Melia azedarach*)的花粉也频繁出现。但是,最终在花粉中仍然是本地物种占据优势地位(达50%以上),如巴西胡椒木(*Schinus terebinthifolius*)、香根菊属(*Baccharis* spp.)、三脉山麻杆(*Alchornea triplinervia*)等。

五、阿根廷

Valle 等 2001 年对产自 Sistema Ventania 山前平原的 22 个蜂蜜样品进行了花粉和物理化学特性分析。其中 15 个蜂蜜样品被证明是单花蜜，其他 7 个是多花蜜。2003 年，Forcone 等通过花粉分析探讨了巴塔哥尼亚丘布特流域的蜂蜜中花粉组成的年内变化。2006 年，Fagundez 和 Caccavari 对 38 个产自恩特雷里奥斯中部地区的蜂蜜样品进行了定性和定量的花粉分析，并根据植物和地理来源对蜂蜜样品进行了分类。2008 年，Forcone 分析了 1995—2004 年在巴塔哥尼亚丘布特省采集的 140 个蜂蜜样品中的花粉，其目的主要在于确定意大利蜜蜂的蜜源植物。

六、乌拉圭

Daners 和 Telleria 1998 年运用蜂蜜孢粉学方法研究和鉴定了乌拉圭市售的 21 个蜂蜜样品的植物和地理来源。2008 年，Corbella 和 Cozzolino 对乌拉圭 49 个不同植物来源的蜂蜜样品进行了花粉分析，基于统计的花粉数量并结合主成分分析和线性判别分析对蜂蜜样品进行了检测。结果表明，用花粉数量结合多变量分析的方法来检测蜂蜜样品是行之有效的。

七、印度

Jhansi 等 1991 年研究了采自印度南部安得拉邦普拉喀桑地区排蜂蜂巢的 6 个蜂蜜样品，通过花粉分析证实了这些蜂蜜均为多花蜜，同时确定了该地区夏季主要的蜜源植物。1995 年，Ramanujam 和 Kalpana 分析了安得拉邦哥达瓦里东部地区养蜂场的 29 个蜂蜜样品，结果表明其中 20 个样品为单花蜜。2002 年，Jana 等对孟加拉邦穆希达巴德地区的 25 个养蜂场蜂蜜和 6 个压榨蜜进行了定性和定量的花粉分析，结果表明，这些蜂蜜大部分是以黑芥（*Brassica nigra*（L.）Koch.）、芫荽（*Coriandrum sativum* L.）、向日葵（*Helianthus annuus* L.）、辣木（*Moringa oleifera* Lam.）、枣（*Zizyphus jujuba* Mill.）和蓝桉（*Eucalyptus globulus* Labill.）为主的单花蜜。2004 年，Jana 对采自恒河平原的 122 个蜂蜜样品进行了花粉分析，鉴定了该地区主要的蜜粉源植物。次年，Bhusari 等对马哈拉施特拉邦 27 个蜂蜜样品和从 19 个蜂巢中获得的 245 个花粉团进行了花粉分析，其结果对该地区商业养蜂企业的建立和发展非常重要。2012 年，Upadhyay 等对印度奥里萨邦沿海地区天然蜂蜜的花粉谱进行分析研究，结果表明，采集于 2008 年 1 月到 2009 年 12 月的 34 个天然蜂蜜中，其中 26 个样品是单花蜜，8

个样品是多花蜜，并发现62种植物是常见的蜜源植物，棕榈科花粉在29个样品中占优势，同时运用主成分分析对26个单花蜜样品进行了分类。

八、墨西哥

1994年，Villanuevag通过蜂蜜样品的花粉分析探讨了墨西哥尤卡坦半岛意大利蜜蜂的花蜜来源。Ramirez-Arriaga等2011年对来自墨西哥亚热带地区的瓦哈卡州的蜂蜜进行了基于孢粉分析的植物学特性研究，并对39个蜂蜜样品进行蜂蜜孢粉学研究，共鉴定64种花粉类型，隶属29科。Patricia Castellanos-Potenciano等2012年研究了墨西哥塔巴斯科州的40个蜂蜜样品，其中占优势地位（含量大于10%）的花粉类型有29种，包括爵床科（Acanthaceae）、茜草科（Rubiaceae）、橄榄科（Burseraceae）、桑科（Moraceae）和蓼科（Polygonaceae）等。40个蜂蜜样品中，14个属于单花蜜，7个属于二花蜜，19个属于多花蜜，大部分样品10 g蜂蜜中所含的花粉粒的绝对数目介于20 000～100 000。

九、葡萄牙

1998年，Aira等对产自葡萄牙的80个蜂蜜样品进行了孢粉分析，鉴定出63个单花蜜，并认为利用某些具有指示意义的花粉可以将葡萄牙的单花蜜和西班牙的单花蜜区分开。2009 年，Pires 等对来自葡萄牙的 23 个单花蜜进行了植物来源和理化性质分析（水分、灰分、pH、游离酸度、导电性、羟甲基糠醛的含量、还原糖和淀粉酶活性等）。结果表明，单花蜜具有良好的品质，并且理化质量达到国际标准，尽管其价格越来越高，但还是很受人们喜爱和欢迎。

十、世界其他国家和地区

Kerkvliet 和 Beerlink 1991 年研究了产自苏里南滨海平原 30 个不同地点的 97 个蜂蜜样品，分析结果表明，该地区重要的蜜源植物主要有亮叶白骨壤（*Avicennia germinans*（L.）L.）、药用紫檀（*Pterocarpus officinalis* Jacq.）、乌墨（*Syzygium cumini*（Linn.）Skeels.）和圭亚那冬青木（*Ilex guianensis*（Aubl.）Kuntze.）等。1992 年，Jones 和 Bryant 综述了 20 世纪以来美国蜂蜜孢粉学的研究概况。1993 年，Dustmann 和 Vonderohe 运用蜂蜜花粉分析方法探讨了花蜜来源，结果显示，大戟科的大戟属（*Euphorbia*）和乌臼属（*Sapium*）中的多个物种是花蜜的主要来源，同时借助光学显微镜和扫描电子显微镜对大戟属和乌臼属植物花粉进行了形态观察。同年，Lutier和 Vaissiere 对蜂蜜花粉分析方法提出了改良。与此同时,Vit 和 Dalbore 对委内瑞拉 23 个不同地点的 68 种无刺蜂蜂蜜进行了花粉分析。1996 年,Behm 等论述了蜂蜜花粉分析在确定蜂蜜种类和来源等方面的可靠性。1997 年,Coffey 和 Breen 研究了爱尔兰蜜粉源的季节性变化。1998 年,Molan 认为蜂蜜中的花粉揭示出蜜蜂产蜜时周围生长的一些植物,因而可以利用蜂蜜孢粉学确定蜂蜜的地理来源,但是在确定蜂蜜的植物来源时存在问题。

2005 年,D'Albore 和 Bubalo 对克罗地亚 64 个蜂蜜样品进行了花粉分析,鉴定出 106 种花粉类型,并根据这些花粉类型来确定蜜蜂的采蜜场所。2006 年,Dag 等对以色列鳄梨蜂蜜进行了物理、化学和孢粉学特征的分析。此外,Kanjeric 等对 112 个南斯拉夫达尔马提亚鼠尾草蜂蜜样品进行了物理化学、孢粉学以及感官特性的综合分析。结果表明,虽然鼠尾草蜂蜜的化学组成具可变性,但同时也具有它独有的特征。同年,Ramos 和 Ferreras 对产自耶罗岛 19 个不同养蜂场的 31 个蜂蜜样品进行了定性和定量的花粉分析以及运用感官特征来评判蜂蜜品质。2007 年,Dimou 等研究了蜂王浆样品中的花粉,并与花粉捕捉器捕集的花粉进行了比较,结果表明,花粉分析可用来确定蜂王浆的地域来源。同时,Dimou 和 Thrasyvoulou 对比研究了 3 种用于评价蜜蜂采集到的花粉相对丰度的方法。Dongock 对产自喀麦隆的 30 个蜂蜜样品进行了花粉分析，其主要目的是通过蜂蜜孢粉学的研究来确定哪些蜜源植物是塞内加尔蜂经常光顾的。Sajwani 等对 48 个采自阿曼马斯喀特和阿曼湾巴提奈地区的蜂蜜样品中的花粉进行了光学显微镜和扫描电子显微镜的观察，共鉴定了 50 科 122 种花粉类型。结果显示，32 个蜂蜜属单花蜜，其余 16 个属多花蜜。2009 年，Adekanmbi 等研究了来自尼日利亚拉各斯的 3 种市售蜂蜜，主要是为了调查来自非洲的 *Apis mellifera adansonii* 蜜蜂的蜜源。对蜂蜜花粉鉴定的同时，调查了蜂蜜样品中的花粉类型所出现的相对频度。蜂蜜中所含数量最多的花粉类型是菊科和棕榈科，其他的花粉类型分属于含羞草科（Mimosaceae）、大戟科（Euphorbiaceae）、山榄科（Sapotaceae）和漆树科（Anacardiaceae）。这些花粉类型为追溯蜂蜜样品的植物来源提供了线索。同年，Salonen 等采用蜂蜜孢粉学定性分析的方法分析了 2000—2007 年间 734 个芬兰蜂蜜。结果发现，白三叶草（*Trifolium repens*）、悬钩子属（*Rubus* spp.）、柳属（*Salix* spp.）和十字花科（Brassicaceae）等花粉类型在 90%以上的样品中所含比例较高。2000—2007 年，最明显的变化是白三叶草花粉含量从 70%下降到 10%，而十字花科和蔷薇科植物花粉含量则有显著的增加。

2010年，Caccavari等利用蜂蜜花粉分析与感官分析研究了来自阿根廷巴拉那河中部三角洲的蜂蜜花粉与环境之间的关系。共研究了65个样品，鉴定出109种花粉类型，分属于53科，其中菊科和豆科植物花粉类型占优势地位。这些样品以多花蜜为主(含量高达70%)。2011年，Sabo等对克罗地亚瓦拉日丁县8个商品蜜进行了花粉分析，结果发现每个样品有着不同的植物来源。

2012年，Atanassova等研究了保加利亚2006—2009年各地采集的15个样品，对其进行了花粉鉴定和含水量、pH和导电性等理化性质的分析。结果表明，供试的蜂蜜样品主要的植物来源是刺槐、油葵、芸薹和椴树属，单花蜜的植物来源包括莲属、国槐、柳属、樱桃属等。同年，De Freitas对巴西、玻利维亚、委内瑞拉等地的16个蜂胶样品进行花粉分析。巴西的样品以野牡丹科(Melastomataceae)为主，其他包括棕榈科和号角树属(*Cecropia*)；玻利维亚的样品以号角树属和茄属(*Solanum*)为主，其他有桉树和茜草属等；委内瑞拉的样品以马松子属(*Melochia*)为主，另外是肉桂树、决明子、豆科和茜草科等。结果表明，在样品采集地有很高的植物多样性。与此同时，Lazarova等研究了2006—2009年采自保加利亚东北部舒门镇地区的47个蜂蜜样品，讨论了蜜源植物的变化对蜜蜂所产蜂蜜的影响，这些信息对当地养蜂的发展有指导意义。

综上所述，国际上对于蜂蜜孢粉学的研究涉及的范围比较广，除了对蜂蜜中花粉形态进行鉴定分析蜂蜜的产地和植物来源之外，还对蜂蜜花粉进行了定性和定量的研究，以及对蜂蜜的理化性质进行研究，以确定蜂蜜的品质。

第二节　国内蜂蜜孢粉学研究

中国是盛产蜂蜜的大国，也是国际上出口蜂蜜的大国，但是在蜂蜜孢粉学的研究方面，落后于国外。国内蜂蜜孢粉学的研究起步相对较晚，大多数研究工作集中在蜜粉源植物（包括有毒蜜粉源植物）花粉形态观察和描述方面，很少涉及蜂蜜中花粉的定性和定量研究。

一、蜜粉源植物（包括有毒蜜粉源植物）花粉形态研究

为适应中国农业和养蜂业发展的需要，1965 年中国科学院植物研究所张金谈和中国农业科学院蜜蜂研究所王嘉琳首次报道了国产的 26 科、42 种蜜源植物花粉形态，标志着国内蜂蜜孢粉学研究的开端。1978 年张玉龙和徐庭玉撰文介绍了蜂蜜中的危险分子——有毒花粉的

形态。1986年郝海平观察、描述和研究了西北地区28科59属68种蜜粉源植物花粉形态。1992年徐万林出版了《中国蜜粉源植物》一书，全面系统地介绍了全国各地的主要和辅助蜜源植物。1994年蒋选利等观察描述了陕西省境内30种常见蜜源植物的花粉形态，并就花粉形态特征在鉴定蜜源植物花粉的属种、确定蜂蜜的产地、评价蜂蜜的品质等方面进行了探讨。1995年刘炳仑观察了国产毛茛科的乌头（*Acomtum carmichaeli* Debx.）、罂粟科的博落回（*Macleaya covdata* （Willd.） R. Br.）和卫矛科的雷公藤（*Tripterygium wilfordii* Hook. f.）等14种有毒蜜粉源植物的花粉形态，为一般蜜粉源植物花粉的形态鉴别提供了对比的依据。同时，观察了十字花科的油菜（*Brassica campestris* L.）、无患子科的荔枝（*Litchi chinensis* Sonn.）、胡麻科的芝麻（*Sesamum indicum* Linn.）8种主要蜜粉源植物的花粉形态。并利用光学显微镜和扫描电子显微镜观察研究了北京地区13属24种百合科蜜粉源植物的花粉形态。1996年刘炳仑对毛茛科部分有毒蜜粉源植物（如驴蹄草、飞燕草和白头翁等）及其花粉形态进行了研究。随后对蜜粉源植物花粉形态观察研究的历史源渊进行了回顾与总结。2000年又总结了驴蹄草（*Caltha palustris* L.）、飞燕草（*Consolida ajacis* （L.） Scher）和白头翁（*Pulsatilla chinensis* （Bunge） Regel.)等23种有毒蜜粉源植物名录。并对国产芸香科辅助粉源植物的花粉形态进行了观察描述。2001年刘炳仑观察研究了春、夏、秋、冬44种主要蜜源植物的花粉形态。春季主要包括油菜和龙眼等7种,夏季主要包括刺槐和枣树等21种,秋季包括向日葵和胡枝子等10种,冬季包括大叶桉和枇杷等6种。与此同时,又观察了国产柿属1属18种1变种蜜源植物及其花粉形态。2007年赵风云等调查了云南部分地区常见的蜜源植物,并得出了相应的植物花粉图谱。

二、蜂蜜花粉分析方法与定性、定量研究

1966年张金谈和王嘉琳介绍了蜂蜜花粉分析方法,并对10种国产蜂蜜进行了花粉分析。2006年姚轶锋等对海南岛清澜港红树林区域内采集的蜂蜜和中华蜜蜂体内的花粉团进行了定性和定量的花粉分析。2007年王玉良等依据花粉形态特征,对枣、银杏(*Ginkgo biloba* L.)和洋槐(*Robinia pseudoacacia* Linn.)等8种蜂蜜中花粉粒的数量和种类进行鉴定,探讨了花粉的特征和比例作为判断蜂蜜产品产地和质量辅助依据的可行性。2012年宋晓彦等对山西中部地区10个养蜂区域的19个天然蜂蜜开展孢粉学研究,对其进行了定性和定量的分析,结果发现蜂蜜样品中总共鉴定出61种花粉类型,隶属于37

个科;其中 14 个样品被定为单花蜜,5 个样品被定为多花蜜;通过对花粉绝对数量(10 g 蜂蜜样品中的花粉数目,Absolute Pollen Count,APC)的计算,其中 13 个样品属于Ⅰ组(APC<20 000),4 个样品属于Ⅱ组(20 000<APC<100 000),2 个样品属于Ⅲ组(100 000<APC<500 000)。同时鉴定了蜂蜜中有毒花粉的有无以及 HDE/P 值(蜂蜜样品中蜜露成分百分含量与蜜源植物花粉百分含量比值),结果并未发现有毒花粉,并且 HDE/P 值也非常低,说明蜂蜜样品质量非常好,适合人们食用。

三、其他方面

1984 年林丰安在植物学通报上发表了题为"应用花粉粒鉴定椴树蜜品质的探讨"的实验报告。1994 年刘炳仑阐述了蜜粉源植物孢粉学的概念、蜜粉源植物花粉形态与养蜂业的关系、有毒花粉及其中毒的防治等问题。1995 年王宪曾报道了利用花粉来鉴别假蜜是一个行之有效的方法。2007 年赵风云等针对国内外蜂蜜孢粉学的研究与应用进行了探讨。2013 年刘宇佳等对云南地区的中华蜜蜂和意大利蜜蜂蜂蜜孢粉学和营养生态位进行了研究,结果表明,中华蜜蜂蜂蜜的花粉种类数量高于意大利蜜蜂蜂蜜,如在冬蜜 18 种花粉中,中华蜜蜂采集 18 种,意大利蜜蜂采集 13 种。中华蜜蜂对蜜源植物的喜好性差异较小，能够利用零星的蜜源植物，采集蜜源植物种类更多更丰富，如春蜜中的女贞、鸭跖草、萼距花（*Cuphea hookeriana*）、旱冬瓜（*Alnus nepalensis*）等以及冬蜜中的云南地桃花、鱼骨松、荞麦（*Fagopyrum esculentum*）、马鞭草等。中华蜜蜂的营养生态位宽度为 0.35，显著大于意大利蜜蜂（0.23）。中华蜜蜂和意大利蜜蜂之间的营养生态位重叠度为 0.71，种间竞争系数为 0.93，表明两种蜜蜂对食物资源的竞争激烈。

四、蜂蜜孢粉学发展展望

蜂蜜孢粉学在经历了一个多世纪的发展以后，已经从定性分析发展到定量研究的阶段，研究方法不断改进提高，从最初的整体封片法、醋酸酐分解法发展到追踪孢子法。同时，花粉分析与感官、物理化学、数理统计分析相结合，应用于综合探讨蜂蜜的特性、种类以及植物和地域来源等方面。

国内上述研究工作的开展为进一步研究中国蜜粉源植物和蜂蜜孢粉学奠定了良好的基础。然而，国内蜂蜜孢粉学研究与国外研究水平还有一定差距，还存在不少问题。目前，国内主要集中在蜜粉源植物的花粉形态研究方面，对蜂蜜中的花粉进行定性和定量的研究以及确定蜂蜜的植物和地域来源等方面相对缺乏，发表的相关论文也非常有限，而且研究比较零散，不够集中，研究的样品数量较少。今后有待在蜂蜜中花粉的定性和定量研究方面加大力度，系统性地开展研究工作，并尝试运用国外的先进技术和方法，不断提高国内蜂蜜孢粉学的研究水平。笔者相信国内蜂蜜孢粉学仍然存在很大的研究空间和广阔的应用前景，必将得到进一步的发展。同时，对中国整个养蜂业的发展也具有十分重要的意义。

第五章 山西省蜂蜜孢粉学研究

第一节 概 述

蜂蜜是一种纯天然、无污染的营养保健食品，花粉是天然蜂蜜的重要标志。然而，蜂蜜掺假与商品标签不符的现象在世界各国普遍存在（Sajwani 等，2007），消费者对蜂蜜的食用安全产生了担忧。蜂蜜孢粉学是研究蜂蜜中花粉的科学，是孢粉学的一个重要分支。在农业生产中应用孢粉学知识，可以指导养蜂业的发展，也可以检测蜂蜜的质量与品质，还可以确定蜂蜜的产地与种类，检验蜂蜜中是否存在有毒花粉以及蜂蜜是否掺假，从而确保消费者的食用安全（刘炳仑，1994；史琦云等，2005）。

山西省地处西北黄土高原，南北狭长，境内山谷纵横，地形复杂，山地及丘陵面积占多数，海拔高度相差较大，气候属典型的温带大陆性季风气候。独特的地形及典型的季风气候，孕育了丰富的蜜源植物资源，因而有“华北蜜库”之美称。因此，山西是养蜂得天独厚的好地方，也是我国优质蜂产品的重要基地。养蜂业在山西具有极大的市场价值和经济效益，具有广阔的发展前景。山西省每年除了提供商品蜂蜜 3 000～6 000 t 以外，还可以生产蜂王浆 20～40 t、蜂花粉 75～150 t，年产值 6 000 万～9 000 万元（赵树荣等，2006）。

山西省蜜源植物资源丰富和养蜂业前景好，是系统开展蜂蜜孢粉学研究的理想场所。我们在山西晋中和晋南地区 10 个县市，首次开展了蜂蜜孢粉学研究，希望通过该研究，能给当地蜂农、养蜂企业以及消费者的食用安全提供科学的指导，从而达到促进山西养蜂业发展和提高山西经济效益的目的。

第二节 蜂蜜孢粉学分析方法

蜂蜜孢粉学分析方法可以分为定性和定量方法。

一、定性分析方法

定性分析方法包括整体封片法（Wodehouse，1935）、醋酸酐分解法（Erdtman，1978）以及追踪孢子法。

1. 整体封片法

该方法相对比较简便，适用于蜂蜜中花粉的初步鉴定和花粉数量的初步统计。具体操作步骤如下：

称取 10 g 蜂蜜样品溶于 20 mL 热水中(水温不超过 40℃)，使蜂蜜充分溶解和稀释，把溶解的蜂蜜水溶液置于离心管中离心(2 500 r/min，10 min)，使蜂蜜中的花粉沉淀集中于离心管底部，弃上清液，用管底的花粉沉淀物制片，显微镜下观察和统计。该方法适用于蜂蜜中花粉的初步鉴定和花粉数量的初步统计。由于样品未经醋酸化处理，所以除了可以观察蜂蜜中的花粉外，还可以观察蜂蜜中的蜜露成分(真菌孢子、菌丝和藻类等)。

根据蜂蜜样品中蜜露成分百分含量与蜜源植物花粉百分含量比值(HDE/P)，来判断样品中蜜露成分的多少。

当 HDE/P 值为0.00～0.09，表明蜜露成分几乎没有；
0.10～1.49，表明蜜露成分很少；
1.50～2.99，表明蜜露成分为中等数量；
3.00～4.49，表明蜜露成分很多；
＞ 4.50，表明蜜露成分非常多。

2.醋酸酐分解法

该方法采用水浴加热分解处理，可除去花粉细胞中的内含物，使花粉的萌发孔(沟)、表面纹饰和外壁层次充分显露，便于观察、比较、鉴定。因此，该方法被认为是蜂蜜中花粉检验分析的重要方法，在蜂蜜孢粉学中得到广泛应用（赵风云等，2007）。具体操作步骤如下：

将 30 g 蜂蜜样品溶于 50 mL 热水中（水温不超过 40℃），分成等体积两份，离心（2 500 r/min，10 min），弃上清液，将花粉沉淀物分别转移到两个 10 mL 的离心管中，离心 5 min，弃上清液。将离心管倒置于滤纸上，使水分尽量沥干。然后用新配制的醋酸酐—浓硫酸（体积比 9∶1）混合液 70℃水浴处理 10 min，蒸馏水清洗并离心两次，收集底部的花粉沉淀物，制片观察。

结果通常以花粉率（pollen frequency）来表示：每个蜂蜜样品统计至少 500 粒花粉以上，记录本种花粉和其他花粉的粒数，花粉率＝本种花粉粒粒数/花粉粒总数×100％。根据花粉率大小，可以将花粉在蜂蜜中出现的频率划分为四个等级：

（1）当花粉率＞45％，表明该种花粉在蜂蜜中很常见（very frequent）；

（2）花粉率为 16％～45％，表明该种花粉常见（frequent）；

（3）花粉率为 3％～15％，该种花粉罕见（rare）；

（4）花粉率 ＜3％，该种花粉零星可见（sporadic）。当蜂蜜样品中某种花粉类型的花粉率大于 45％，这种蜂蜜被认为是以该种花粉为主的单花蜜；如果蜂蜜样品中所有花粉类型的花粉率均小于 45%,那么这种蜂蜜被认为是多花蜜。

3. 追踪孢子法

目前该方法在国外使用普遍。在一定量的蜂蜜样品中加入已知数量的外加石松孢子,然后测定石松孢子和蜂蜜中花粉的比率,通过比率计算出样品中各种花粉的数量。

二、定量分析方法

定量分析方法采用 Maurizio 方法(Louveaux 等,1978),具体操作步骤如下:

称两份 50 g 蜂蜜样品,分别溶于两个烧杯中,加热水至 100 mL(水温不超过 40℃)。离心蜂蜜水溶液,弃上清液,将花粉沉淀物定量地转移到标有 10 mL 刻度的离心管中。离心 5 min,弃上清液,分散沉淀物并加入适量水至 0.5 mL。用移液管吸取 0.01 mL 分散的沉积物至载玻片上,均匀地涂成 1 cm^2 大小,每份样品各制两个片子(共 4 片)。每个片子分别数 100 个视野内的花粉。

结果通常以 10 g 蜂蜜样品中花粉的绝对数目(Absolute Pollen Count,APC)来表示:

当 10 g 蜂蜜中的花粉粒<20 000,被列为第Ⅰ组(Group Ⅰ);

介于 20 000～100 000，列为第Ⅱ组（Group Ⅱ）；

介于 100 000～500 000，列为第Ⅲ组（Group Ⅲ）；

介于 500 000～1 000 000，列为第Ⅳ组（Group Ⅳ）；

＞ 1 000 000，列为第Ⅴ组（Group Ⅴ）。

三、蜂蜜花粉鉴定与统计

蜂蜜花粉的鉴定和统计在 LEICA DM2500 光学显微镜下完成。花粉的鉴定主要参考当地蜜源植物的花粉形态、孙桂英等（1993）编著的《中国蜜源植物花粉图谱》，以及王伏雄等（1995）编著的《中国植物花粉形态》。

第三节　山西省蜂蜜孢粉学研究

通过采用定性的醋酸酐分解法和定量的 Maurizio 方法，我们开展了山西中部和南部地区蜂蜜孢粉学的研究。下面分为研究材料、山西蜂蜜孢粉学的定性研究和定量研究三部分进行介绍。

一、研究材料

2010—2013 年，我们从山西中部和南部地区 14 个养蜂区域采集得到 27 个天然蜂蜜样品（中部 19 个，南部 8 个），采样区域包括山西中部地区的太谷县、清徐县、文水县、祁县、寿阳县、中阳县、柳林县、临县、汾阳市和南部地区的临猗县和运城市等10个县市（图5-1）。样品编号、采集时间、采集地点和经纬度等信息列于表5-1中。

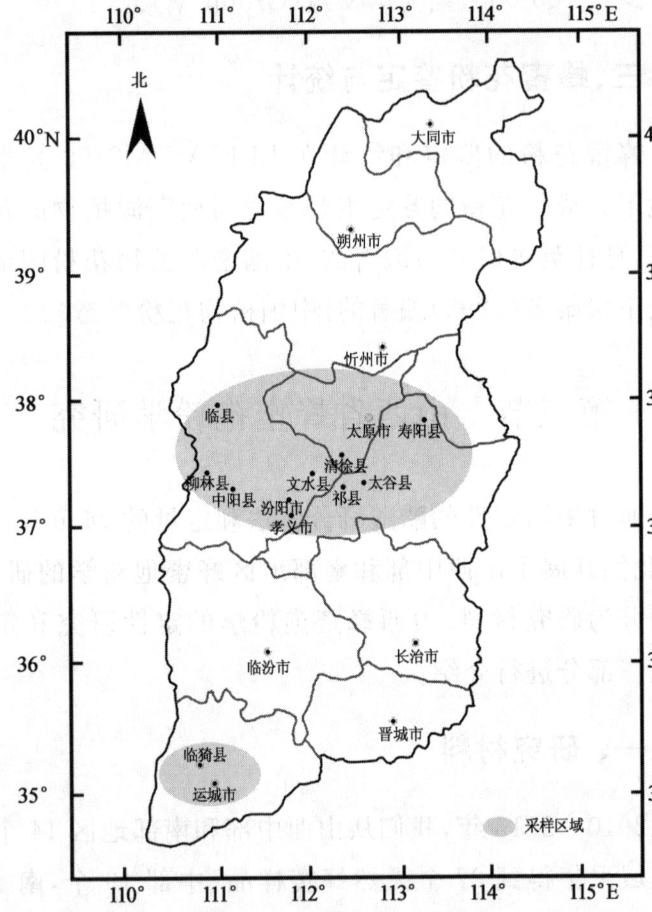

图 5-1　天然蜂蜜采样位置图

表 5-1　蜂蜜样品采集信息

样品编号	采集地点	经纬度	采集时间
H1	柳林县	37°26′ N,110°52′ E	2011.8
H2	中阳县	37°21′ N,111°11′ E	2011.8
H3	寿阳县	37°53′ N,113°11′ E	2011.8
H4	祁县城赵村	37°22′ N,112°15′ E	2011.5
H5	祁县城赵村	37°22′ N,112°15′ E	2010.6
H6	文水县王家堡	37°22′ N,112°13′ E	2010.8
H7	文水县王家堡	37°22′ N,112°13′ E	2011.4
H8	文水县大象村	37°25′ N,112°10′ E	2010.5
H9	文水县大象村	37°25′ N,112°10′ E	2010.5
H10	汾阳市义安村	37°15′ N,111°50′ E	2011.4
H11	汾阳市义安村	37°15′ N,111°50′ E	2010.9
H12	汾阳市西阳城村	37°12′ N,111°46′ E	2010.7-8
H13	临县	37°57′ N,110°58′ E	2010.6
H14	祁县榆林村	37°21′ N,112°26′ E	2011.5
H15	太谷县	37°25′ N,112°32′ E	2010.6
H16	太谷县	37°25′ N,112°32′ E	2010.6
H17	清徐县	37°37′ N,112°21′ E	2010.6
H18	清徐县	37°37′ N,112°21′ E	2011.4
H19	清徐县	37°37′ N,112°21′ E	2011.4
H20	临猗县	35°15′ N,110°77′ E	2013.5
H21	临猗县	35°15′ N,110°77′ E	2013.5
H22	临猗县	35°15′ N,110°77′ E	2013.5
H23	临猗县	35°15′ N,110°77′ E	2013.5
H24	临猗县	35°15′ N,110°77′ E	2013.5
H25	运城市	35°02′ N,110°98′ E	2013.5
H26	运城市	35°02′ N,110°98′ E	2013.5
H27	运城市	35°02′ N,110°98′ E	2013.5

二、山西蜂蜜孢粉学的定性研究

通过对山西中部地区 19 个天然蜂蜜样品进行花粉分析，总共鉴定出 61 种花粉类型，隶属于 37 个科；其中

56种花粉类型属于虫媒型,5种花粉类型属于风媒型。H1和H11分别代表了所含花粉类型最少(7种)和最多(22种)的两个样品。此外,在H4、H9、H12、H14、H15和H16 6个样品中出现数量较低的未能鉴定的花粉类型,其百分比含量为0.35%~4.56%(另见附表)。

在山西南部地区的8个天然蜂蜜样品中,总共鉴定出45种花粉类型,隶属于29个科;其中42种花粉类型属于虫媒型,3种花粉类型属于风媒型。H25和H20、H23分别代表了所含花粉类型最少(9种)和最多的(21种)样品(另见附表)。

山西中部地区蜂蜜样品所鉴定出的61种花粉类型中,在50%以上的样品中出现的科包括:①豆科(Fabaceae):出现于所有19个样品中,所占样品百分数为100%;②菊科(Asteraceae):出现于17个样品中,所占样品百分数为89.47%;③鼠李科(Rhamnaceae):出现于15个样品中,所占样品百分数为78.95%;④桑科(Moraceae):出现于13个样品中,所占样品百分数为68.42%;⑤十字花科(Brassicaceae)和蔷薇科(Rosaceae):出现于12个样品中,所占样品百分数为63.16%;⑥忍冬科(Caprifoliaceae)和唇形科(Lamiaceae):出现于10个样品中,所占样品百分数为52.63%。

8种花粉类型在一半以上的蜂蜜样品中被发现，包括：①蒿属(*Artemisia*)、豆科其他类型(Other Fabaceae)和唇形科：出现于10个样品中，所占百分数为52.63%；②十字花科、刺槐(*Robinia pseudoacacia*)：出现于12个样品中，所占百分数为63.16%；③葎草属(*Humulus*)：出现于13个样品中，所占百分数为68.42%；④国槐(*Sophora japonica*)和枣(*Ziziphus jujuba*)：出现于15个样品中，所占百分数为78.95%。

山西南部地区蜂蜜样品所鉴定出的45种花粉类型中，在50%以上的样品中出现的类型包括：①枣和豆科其他类型：出现于7个样品中，所占样品百分数为87.5%；②李属(*Prunus*)、蒲公英属(*Taraxacum*)、荆条(*Vitex negundo* var. *heterophylla*)、泡桐属(*Paulownia*)和盐肤木属(*Rhus*)5种类型：出现于6个样品中，所占样品百分数为75.0%；③国槐、蒿属(*Artemisia*)、芸薹属(*Brassica*)、葎草属和唇形科5种类型：出现于5个样品中，所占样品百分数为62.5%。

在山西中部地区19个天然蜂蜜样品的花粉类型中，我们发现7种代表性的花粉类型，分别为枣、刺槐、荆条、国槐、臭椿(*Ailanthus altissima*)、菊科和豆科。其中枣花粉在5个样品中被鉴定为优势花粉类型，占总样品数的26.32%；刺槐花粉在3个样品中占优势，占总样品数的15.79%;荆条花粉在2个样品中处于优势地位,占总样品数的10.53%;而其余4种花粉类型分别只在1个样品中被鉴定为优势花粉类型,分别占总样品数的5.26%。

在山西南部地区所采集的8个天然蜂蜜样品的花粉类型中,我们发现了6种代表性的花粉类型,分别为荆条、枣、芸薹属、泡桐属、臭椿和唇形科。其中荆条花粉和枣花粉在2个样品中被鉴定为优势花粉类型,占样品总数的25%;臭椿、芸薹属、泡桐属和唇形科的花粉分别在1个样品中处于优势地位,占样品总数的12.5%。

在27个样品中,有10个样品是多花蜜,17个样品是单花蜜。在单花蜜样品中,6个是以枣为主,4个以荆条为主,3个以刺槐为主,另外4个分别以臭椿、国槐、豆科和菊科为主(图5-2,表5-2)。

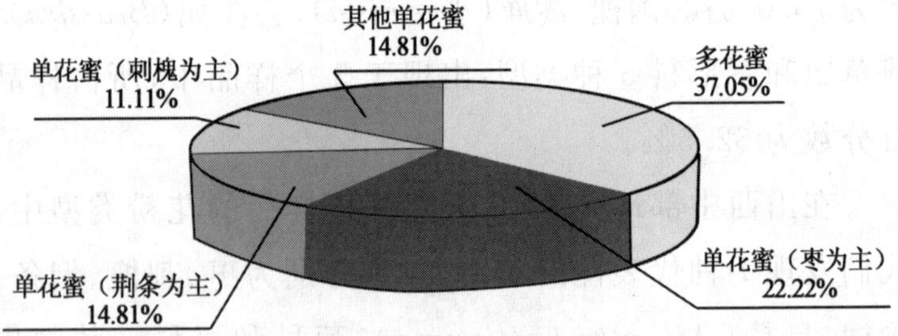

图5-2 蜂蜜样品的植物来源

通过对花粉植物来源的分析，我们发现山西省蜂蜜的植物来源较多，中部地区蜂蜜的植物来源有 61 种类型，而南部地区蜂蜜的植物来源有 45 种类型，主要包括豆科、蔷薇科、菊科、鼠李科、玄参科、十字花科、桑科、唇形科等。枣、荆条、刺槐、臭椿、泡桐属、芸薹属等多种花粉类型在将近一半以上的样品当中出现，说明这些植物都是山西本地的主要蜜源植物（图版Ⅻ、ⅩⅢ、ⅩⅣ、ⅩⅤ、ⅩⅥ、ⅩⅦ、ⅩⅧ）。

在对 27 个天然蜂蜜样品中的花粉进行分析的同时，我们还观察了样品中的蜜露成分，发现这 27 个样品中的蜜露成分含量都很低，其 HDE/P 的值为 0～0.036，表明蜂蜜样品中的蜜露成分近乎于无。

三、山西蜂蜜孢粉学的定量研究

我们通过 10 g 样品中花粉的绝对数目来对山西中部和南部地区 27 个天然蜂蜜样品进行定量分析（表 5-2）。结果表明，其中 15 个样品的花粉绝对数目被划分为 Group Ⅰ（花粉的绝对数目介于 2 500～15 000），占总样品数的 55.56%；10 个样品的花粉绝对数目被划分为 Group Ⅱ（25 000～60 000），占总样品数的 37.04%；2 个样品被划分为 Group Ⅲ（120 000～142 500），占总样品数的 7.41%（图 5-3）。

表 5-2　山西省 27 个天然蜂蜜样品定量分析结果

蜂蜜样品	APC/10 g 蜂蜜	Maurizio's 分级	蜂蜜样品中的花粉类型及其所占百分比
H1	142 500	Ⅲ	单花蜜：以枣为主（97.00％）
H2	10 000	Ⅰ	单花蜜：以刺槐为主（72.40％），其他有国槐（12.00％）、苹果属（6.80％）、枣（5.00％）
H3	15 000	Ⅰ	单花蜜：以荆条为主（63.60％），其他有丁香属（7.60％）、国槐（6.80％）、枣（6.20％）
H4	25 000	Ⅱ	多花蜜：豆科其他类型（22.54％）、泡桐属（28.21％）、十字花科其他类型（9.25％）、蒲公英（8.36％）
H5	2 500	Ⅰ	单花蜜：以臭椿为主（61.02％），其他有玄参科其他类型（17.13％）、豆科其他类型（11.02％）
H6	52 500	Ⅱ	单花蜜：以枣为主（50.44％），其他有国槐（20.67％）、豆科其他类型（9.38％）
H7	2 500	Ⅰ	单花蜜：豆科其他类型（60.63％），其他有柳属（20.00％）、蒲公英（6.61％）、葱属（5.51％）
H8	5 000	Ⅰ	单花蜜：以枣为主（48.89％），其他有豆科其他类型（21.82％）、甘草属（7.88％）、国槐（7.88％）、草木樨（6.87％）、黄栌属（5.66％）
H9	60 000	Ⅱ	多花蜜：国槐（40.88％）、枣（21.18％）、刺槐（14.74％）
H10	7 500	Ⅰ	多花蜜：梓树（23.77％）、刺槐（18.85％）、毛茛科（19.35％）、十字花科其他类型（10.19％）、蒲公英（5.26％）
H11	12 500	Ⅰ	多花蜜：枣（31.20％）、菊科其他类型（16.22％）、荆条（9.20％）、十字花科其他类型（9.20％）、国槐（9.05％）、豆科其他类型（7.02％）
H12	7 500	Ⅰ	多花蜜：白鹃梅属（41.78％）、草木樨（11.80％）、十字花科其他类型（10.25％）、枣（10.25％）、大豆（7.16％）
H13	120 000	Ⅲ	单花蜜：以枣为主（92.44％），其他有刺槐（2.91％）

续表 5-2

蜂蜜样品	APC/10 g 蜂蜜	Maurizio's 分级	蜂蜜样品中的花粉类型及其所占百分比
H14	5 000	Ⅰ	单花蜜：以菊科其他类型为主(48.85%)，其他有蔷薇科其他类型(25.48%)、豆科其他类型(8.05%)
H15	15 000	Ⅰ	单花蜜：以荆条为主(62.37%)，其他有国槐(18.47%)、李属(7.14%)
H16	10 000	Ⅰ	单花蜜：以枣为主(64.75%)，其他有蒲公英(9.60%)、菊科其他类型(8.38%)
H17	32 500	Ⅱ	单花蜜：以国槐为主(77.40%)，其他有刺槐(15.20%)
H18	10 000	Ⅰ	单花蜜：以刺槐为主(61.01%)，其他有国槐(28.21%)、李属(7.13%)
H19	10 000	Ⅰ	单花蜜：以刺槐为主(69.08%)，其他有国槐(13.74%)、李属(5.15%)
H20	10 000	Ⅰ	多花蜜：臭椿(34.2%)、荆条(14.1%)、泡桐属(10.5%)、枣(9.5%)
H21	22 500	Ⅱ	单花蜜：以荆条为主(68.9%)，其他有枣(14.2%)、盐肤木属(8.9%)
H22	45 000	Ⅱ	多花蜜：芸薹属(40.6%)、泡桐属(28.4%)、李属(17.4%)
H23	27 500	Ⅱ	多花蜜：枣(36.3%)、荆条(11.3%)、李属(8.4%)、蒲公英(8.0%)、豆科(8.0%)、栾树(4.9%)、泡桐属(3.5%)
H24	5 000	Ⅰ	多花蜜：唇形科(19.4%)、李属(17.2%)、白刺花(13.3%)、芸薹属(12.6%)、蒲公英(10.4%)
H25	37 500	Ⅱ	单花蜜：以荆条为主(49.5%)，其他有枣(35.4%)、五加科(5.6%)、盐肤木属(3.7%)、百合属(3.4%)
H26	77 500	Ⅱ	多花蜜：泡桐属(35.0%)、接骨木(14.8%)、李属(12.7%)、葎草(6.7%)、荆条(5.5%)、蒿属(5.2%)、芸薹属(5.2%)
H27	37 500	Ⅱ	单花蜜：以枣为主(49.3%)，其他有荆条(36.6%)、盐肤木属(7.9%)

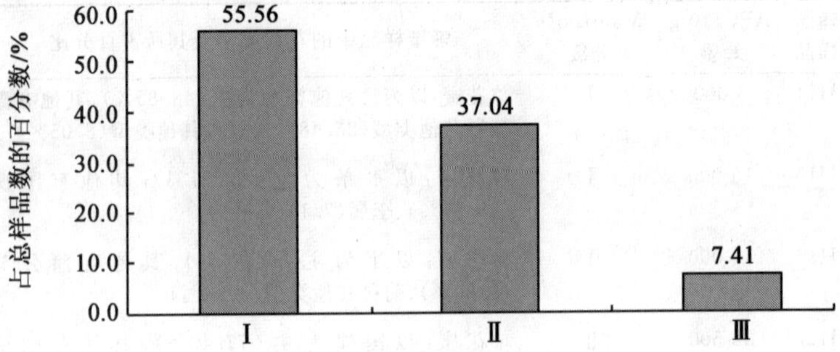

图 5-3　蜂蜜样品的等级划分

通过对山西蜂蜜的定性和定量研究，发现山西省蜂蜜的植物来源基本上都是本省具有的蜜源植物，如荆条、枣、刺槐、臭椿、泡桐和梓树等。山西省要发展养蜂业，必须注重这部分蜜源植物的人工培育和种植，同时要加强野生蜜源植物的保护。而且山西省的蜂蜜中未包含有毒花粉和致敏花粉，并且蜂蜜中 HDE/P 值也非常低，近乎于无，说明山西蜂蜜品质非常好，消费者能够放心食用。

参 考 文 献

1. 陈廷珠，李树军，常红，等. 浅谈山西夏季三大主要蜜源植物分布特点及利用前景[J]. 中国蜂业，2012，63(10)：26-28.

2. 陈廷珠，李树军，负红梅，等. 山西胡枝子蜜源植物分布特点及蜂群饲养管理技术[J]. 中国蜂业，2012，63(12)：21-22.

3. 陈廷珠，李树军，负红梅. 山西省柠条蜜源植物分布特点及利用价值[J]. 中国蜂业，2013，64(6)：31-32.

4. 陈廷珠，李树军，高巧艳，等. 山西狼牙刺蜜源植物的分布特点及利用价值[J]. 中国蜂业，2012，63(11) 27-28.

5. 陈廷珠，李树军，闫国骏，等. 山西省向日葵蜜源植物分布及蜂群管理要点[J]. 中国蜂业，2013，64(7)：14-15.

6. 陈廷珠，李树军，郑晓静，等. 山西省柿树分布面积、生长特点及利用研究[J]. 中国蜂业，2013，64(8)：23-24.

7. 丰林安. 应用花粉粒鉴定椴树蜜品质的探讨[J]. 植物学通报，1984，2(4)：35-36.

8. 冯旭芳，刘喜生，靳藜，等. 山西省蜜源植物资源调查研究[J]. 蜜蜂杂志，1999，1：26-27.

9. 高志鸿. 山西十种重要辅助蜜源分布及利用[J]. 中国蜂业,2007,58(4):25.
10. 郭慕萍,刘九林,窦永哲. 山西气候资源图集[M]. 北京:气象出版社,1997.
11. 韩军青,马志正. 山西地貌与第四纪[M]. 北京:海洋出版社,1992.
12. 汉学庆,邵有全,郭媛,等. 山西主要蜜源植物调查[J]. 中国蜂业,2010,61(6):36-38.
13. 郝海平. 中国西北地区蜜源植物花粉[M]. 北京:中国科学院植物研究所,1986.
14. 何贤港. 蜜粉源植物学[M]. 北京:中国农业出版社,1995.
15. 蒋选利,杨桐春,姚雅琴,等. 陕西省常见蜜源植物花粉形态的研究[J]. 西北植物学报,1994,14(5):22-27.
16. 靳宗立,武德虎,杜桃柱,等. 山西省主要蜜源植物调查[J]. 山西农业科学,1988,6:11-13.
17. 刘炳仑. 北京地区某些百合科蜜粉源植物的花粉形态[J]. 养蜂科技,1995(5):3-8.
18. 刘炳仑. 毛茛科部分有毒蜜粉源植物及其花粉形态[J]. 养蜂科技,1996(3):5-7.
19. 刘炳仑. 蜜粉源植物花粉形态观察研究的历史渊源[J]. 养蜂科技,1998(2):36-37.

20. 刘炳仑. 蜜粉源植物花粉形态及蜂蜜花粉分析[J]. 养蜂科技,1994(5):10-12.
21. 刘炳仑. 我国 14 种有毒蜜粉源植物的花粉形态[J]. 中国养蜂,1995(3):21-23.
22. 刘炳仑. 我国八种主要蜜粉源植物的花粉形态[J]. 养蜂科技,1995(3):10-11,19.
23. 刘炳仑. 我国柿属蜜源植物及其花粉形态[J]. 养蜂科技, 2001(2):4-6.
24. 刘炳仑. 我国有毒蜜粉源植物及其花粉形态(一) [J]. 养蜂科技,2000(6):4-5.
25. 刘炳仑. 我国芸香科辅助粉源植物的花粉形态(二) [J]. 养蜂科技,2000(5):3-5.
26. 刘炳仑. 我国芸香科辅助粉源植物的花粉形态(一) [J]. 养蜂科技,2000(3):5-7.
27. 刘炳仑. 有毒花粉与防止蜂蜜食品中毒[J]. 蜜蜂杂志,1994,7:33.
28. 刘炳仑. 我国春夏秋冬 44 种主要蜜源植物的花粉形态[J]. 养蜂科技,2001(4):4-6.
29. 刘耀宗,张经元,康瑞昌,等. 山西土壤[M]. 北京:科学出版社,1992.
30. 刘宇佳,赵天瑞,赵风云. 云南中华蜜蜂与意大利蜜蜂的蜂蜜孢粉学和营养生态位[J]. 应用生态学报,

2013,24(1):205-210.
31. 马子清.山西植被[M].北京:中国科学技术出版社,2001.
32. 钱林清,郑炎谋,郭慕萍,等.山西气候[M].北京:气象出版社,1991.
33. 山西省地图集编纂委员会.山西省地图集[M].西安:西安地图出版社,2010.
34. 山西省气象档案馆.山西省农业气候资源图集[M].北京:气象出版社,1990.
35. 山西植物志编委会.山西植物志(第二卷)[M].北京:中国科学技术出版社,1998.
36. 山西植物志编委会.山西植物志(第三卷)[M].北京:中国科学技术出版社,2000.
37. 山西植物志编委会.山西植物志(第四卷)[M].北京:中国科学技术出版社,2004.
38. 山西植物志编委会.山西植物志(第五卷)[M].北京:中国科学技术出版社,2004.
39. 山西植物志编委会.山西植物志(第一卷)[M].北京:中国科学技术出版社,1992.
40. 史琦云,贠建民.蜂蜜品质的花粉检验法研究[J].中国养蜂,2005,56(2):9-11.
41. 宋晓彦,姚轶锋.蜂蜜孢粉学研究进展[J].中国农学通报,2009,25(7):7-12.

42. 孙桂英.蜜源植物花粉与蜂蜜品质的关系及花粉的鉴定[J].现代商检科技,1996,6(1):15-22.

43. 孙桂英.中国蜜源植物花粉图谱[M].天津:天津科技翻译出版公司,1993.

44. 王伏雄,钱南芬,张玉龙,等.中国植物花粉形态[M].北京:科学出版社,1995.

45. 王工.用花粉含量鉴定蜂蜜品质的研究[J].吉林粮食高等专科学校学报,1998,13(3):4-8.

46. 王开发,王宪曾.孢粉学概论[M].北京:北京大学出版社,1983.

47. 王宪曾.蜂花粉与蜂蜜质量鉴别[J].蜜蜂杂志,1995(3):7.

48. 王玉良,郑玉华.八种蜂蜜的孢粉学研究[J].中国农学通报,2007,23(2):121-124.

49. 魏丽,曾志将.中国部分商品蜂蜜中植物花粉形态、含量及浓度的研究[J].中国蜂业,2009,60(6):12-14.

50. 谢树莲,凌元洁,裴建文,等.山西省蜜源植物花粉形态的研究(Ⅰ)[J].山西大学学报(自然科学版),1992,15(4):391-398.

51. 谢树莲,凌元洁,裴建文,等.山西省蜜源植物花粉形态的研究(Ⅱ)[J].山西大学学报(自然科学版),

1993,16(4):440-443.
52. 谢树莲,凌元洁,裴建文,等. 山西省蜜源植物花粉形态的研究(Ⅲ)[J]. 山西大学学报(自然科学版),1994,17(3):341-344.
53. 徐万林. 中国蜜粉源植物[M]. 哈尔滨:黑龙江科学技术出版社,1992.
54. 杨相甫,李发启,师学珍,等. 山西省优良蜜粉源植物资源——青麸杨[J]. 河南师范大学学报(自然科学版),2007,35(1):213-214.
55. 张金谈,王嘉琳. 蜂蜜的花粉分析[J]. 植物学报,1966,14(2):186-190.
56. 张金谈,王嘉琳. 中国蜜粉源植物花粉形态[J]. 植物学报,1965,13(4):339-374.
57. 张玉龙,徐庭玉. 有毒花粉——蜂蜜中的危险分子[J]. 植物杂志,1978,5(2):8-10.
58. 赵风云,董霞,李建军. 蜂蜜孢粉学的研究与应用[J]. 云南农业大学学报,2007,22(2):270-274.
59. 赵风云,周丽贞,邝涓,等. 云南省部分蜜源植物花粉图谱[J]. 蜜蜂杂志,2007(11):45-46.
60. 赵树荣,陈廷珠,李树军,等. 山西蜂业的特点及发展对策[J]. 中国蜂业,2006,57(5):38-39.
61. 中科院植物研究所古植物室孢粉组,中科院华南植物研究所形态研究室.中国热带亚热带被子植物花粉形态[M].北京:科学出版社,1982.

62. Adekanmbi O, Ogundipe O. Nectar sources for the honey bee (*Apis mellifera adansonii*) revealed by pollen content[J]. Notulae Botanicae Horti Agrobotanici Cluj-Napoca,2009,37(2):211-217.

63. Aira M J, Horn H, Seijo M C. Palynological analysis of honeys from Portugal[J]. Journal of Apicultural Research,1998,37(4):247-254.

64. Atanassova J, Yurukova L, Lazarova M. Pollen and inorganic characteristics of Bulgarian unifloral honeys [J]. Czech Journal of Food Sciences, 2012, 30(6): 520-526.

65. Barth O M, Da Luz C F P. Melissopalynological data obtained from a mangrove area near to Rio de Janeiro, Brazil[J]. Journal of Apicultural Research, 1998, 37(3):155-163.

66. Barth O M. Melissopalynology in Brazil: A review of pollen analysis of honeys, propolis and pollen loads of bees[J]. Scientia Agricola,2004,61(3):342-350.

67. Behm F, vonderOhe K, Henrich W. Reliability of pollen analysis in honey [J]. Deutsche Lebensmittel-

Rundschau,1996,92(6):183-188.
68. Bhusari N V, Mate D M, Makde K H. Pollen of *Apis* honey from Maharashtra[J]. Grana, 2005, 44(3): 216-224.
69. Caccavari M, Fagundez G. Pollen spectra of honeys from the Middle Delta of the Parana River (Argentina) and their environmental relationship [J]. Spanish Journal of Agricultural Research, 2010, 8(1): 42-52.
70. Coffey M F, Breen J. Seasonal variation in pollen and nectar sources of honey bees in Ireland[J]. Journal of Apicultural Research, 1997, 36(2): 63-76.
71. Corbella E, Cozzolino D. Combining multivariate analysis and pollen count to classify honey samples accordingly to different botanical origins[J]. Chilean Journal of Agricultural Research, 2008, 68(1): 102-107.
72. Dag A, Afik O, Yeselson Y, et al. Physical, chemical and palynological characterization of avocado (*Persea americana* Mill.) honey in Israel [J]. International Journal of Food Science and Technology, 2006, 41(4): 387-394.
73. D'Albore G R, Bubalo D. Bee forage in Croatia: Identi-

fication by pollen analysis of honeys[J]. Mellifera, 2005,5(9):39-43.

74. Daners G, Telleria M C. Native vs. introduced bee flora: a palynological survey of honeys from Uruguay [J]. Journal of Apicultural Research, 1998, 37(4): 221-229.

75. de Camargo Carmello Moreti A C, Teixeira E W, Marques Florencio Alves M L T. Pollen Sources for *Apis mellifera* in Pindamonhangaba County, State of Sao Paulo, Brazil[J]. Sociobiology, 2011, 58(3): 681-692.

76. De Freitas, A D S, Vit P, Barth O M. Pollen profile of geopropolis samples collected by native bees (Meliponini) in some South American countries[J]. Sociobiology, 2012, 59(4): 1465-1482.

77. De Novais J S, Lima E Lima L C, Ribeiro Dos Santos F D A. Botanical affinity of pollen harvested by *Apis mellifera* L. in a semi-arid area from Bahia, Brazil [J]. Grana, 2009, 48(3): 224-234.

78. De Sa-Otero M P, Armesto-Baztan S, Diaz-Losada E. A study of variation in the pollen spectra of honeys sampled from the Baixa Limia-Serra do Xures Nature

Reserve in North-West Spain[J]. Grana, 2006, 45(2):137-145.

79. De Sa-Otero M P, Armesto-Baztan S. Study of variation in the pollen spectra of honeys sampled from the Allariz-Maceda (Ourense) geopolitical country in northwest Spain[J]. Acta Botanica Gallica, 2008, 155(2):201-217.

80. Diaz Losada E, Gonzalez Porto A, Saa Otero M P. Melisopalynolgycal study in Galicia (Spain) [J]. Orsis, 1997, 12:27-38.

81. Dimou M, Goras G, Thrasyvoulou A. Pollen analysis as a means to determine the geographical origin of royal jelly[J]. Grana, 2007, 46(2):118-122.

82. Dimou M, Katsaros J, Klonari K T, et al. Discriminating pine and fir honeydew honeys by microscopic characteristics[J]. Journal of Apicultural Research, 2006, 45(2):16-21.

83. Dimou M, Thrasyvoulou A. A comparison of three methods for assessing the relative abundance of pollen resources collected by honey bee colonies[J]. Journal of Apicultural Research, 2007, 46:144-148.

84. Dongock D N, Tchoumboue J, D'Albore G R, et al.

Spectrum of melliferous plants used by *Apis mellifera adansonii in the* Sudano-Guinean *western highlands* of Cameroon[J]. Grana,2007,46(2):123-128.

85. Dustmann J H, Vonderohe K. Scanning electron-microscopic studies on pollen from honey. Ⅳ. Surface pattern of pollen of *Sapium sebiferum* and *Euphorbia* spp. (Euphorbiaceae) [J]. Apidologie, 1993, 24 (1):59-66.

86. Erdtman G. 孢粉学手册[M]. 中科院植物研究所古植物研究室孢粉组,译. 北京:科学出版社,1978.

87. Fagundez G A, Caccavari M A. Pollen analysis of honeys from the central zone of the Argentine province of Entre Rios[J]. Grana,2006,45(4):305-320.

88. Ferrazzi P. Melissopalynology significance and Italian situation[J]. Apicoltore Moderno, 1992, 83 (2): 59-66.

89. Floris I, Prota R, Fadda L. Melissopalynological quantitative analysis of typical Sardinian honeys[J]. Apicoltore Moderno,1996,87(4):161-167.

90. Forcone A, Bravo O, Ayestaran M G. Intraannual variations in the pollinic spectrum of honey from the lower valley of the River Chubut (Patagonia, Argen-

tina) [J]. Spanish Journal of Agricultural Research, 2003,1(2):29-36.

91. Forcone A. Pollen analysis of honey from Chubut (*Argentinean Patagonia*) [J]. Grana, 2008, 47(2): 147-158.

92. Herrero B, Valencia-Barrera R M, San Martin R, et al. Characterization of honeys by melissopalynology and statistical analysis[J]. Canadian Journal of Plant Science, 2002, 82(1): 75-82.

93. Jana D, Bandyopadhyay A, Bera S. Pollen analysis of winter honey samples from Murshidabad District, West Bengal[J]. Geophytology, 2002, 30(1&2): 91-97.

94. Jana D. Melissopalynology and recognition of major nectar and pollen sources for honeybees in the lower Gangetic plains, India [D]. University of Calcutta, India, 2004, 348.

95. Jato M V, Salallinares A, Iglesias M I, et al. Pollens of honeys from North-Western Spain[J]. Journal of Apicultural Research, 1991, 30(2): 69-73.

96. Jhansi P, Kalpana T P, Ramanujam C G K. Pollen analysis of rock bee summer honeys from the

Prakasam District of the Andhra-Pradesh, India[J]. Journal of Apicultural Research, 1991, 30(1): 33-40.

97. Jones G D, Bryant V M Jr. Melissopalynology in the United States: A review and critique[J]. Palynology, 1992, 16: 63-71.

98. Kanjeric D, Primorac L, Mandic M L, et al. Dalmatian sage (*Salvia officinalis* L.) honey characterization [J]. Deutsche Lebensmittel-Rundschau, 2006, 102 (10): 479-484.

99. Karabourniotì S, Thrasyvoulou A, Eleftheriou E P. A model for predicting geographic origin of honey from the same floral source[J]. Journal of Apicultural Research, 2006, 45(3): 117-124.

100. Kerkvliet J D, Beerlink J G. Pollen analysis of honeys from the coastal-plain of Surinam [J]. Journal of Apicultural Research, 1991, 30(1): 25-31.

101. Lazarova M, Atanassova J. Seasonal variations in the composition of the pollen spectra of honey from the region of the town of Shumen (*Northeastern Bulgaria*) [J]. Comptes Rendus de L Academic Bulgare Des Sciences, 2012, 65(8): 1077-1086.

102. Livia P O, Roberto P. Main European unifloral hon-

eys: descriptive sheets[J]. Apidologie, 2004, 35: 38-81.

103. Louveaux J, Maurizio A, Vorwohl G. Method of Melissopalynology[J]. Bee World, 1978, 59: 139-157.

104. Lutier P M, Vaissiere B E. An improved method for pollen analysis of honey[J]. Review of Palaeobotany and Palynology, 1993, 78 (1-2): 129-144.

105. Molan P. The limitations of the methods of identifying the floral source of honeys[J]. Bee World, 1998, 79(2): 59-68.

106. Oddo L P, Piazza M G, Sabatini A G, et al. Characterization of unifloral honeys[J]. Apidologie, 1995, 26(6): 453-465.

107. Oliveira P P, van den Berg C, Ribeiro Dos Santos F D A. Pollen analysis of honeys from Caatinga vegetation of the state of Bahia, Brazil[J]. Grana, 2010, 49(1): 66-75.

108. Ortiz P L. The Cistaceae as food resources for honeybees in SW Spain[J]. Journal of Apicultural Research, 1994, 33(3): 136-144.

109. Patricia Castellanos-Potenciano B, Ramirez-Arriaga E, Manuel Zaldivar-Cruz J. Analysis of honey pollen content produced by *Apis mellifera* L. (Hymenop-

tera: Apidae) at Tabasco State, Mexico[J]. Acta Zoologica Mexicana Nueva Serie,2012,28(1):13-36.

110. Perez-Atanes S, Seijo-Coello M D, Mendez-Alvarez J. Contribution to the study of fungal spores in honeys of Galicia (NW Spain) [J]. Grana,2001,40(4-5):217-222.

111. Pinto da Luz C F, Barth O M. Pollen analysis of honey and beebread derived from Brazilian mangroves[J]. Brazilian Journal of Botany,2012,35(1): 79-85.

112. Pires J,Leticia E,Maria F,Xesus. Pollen spectrum and physico-chemical attributes of heather (*Erica* sp.) honeys of north Portugal[J]. Journal of the Science of Food and Agriculture, 2009, 89 (11): 1862-1870.

113. Poiana M,Manziu E,Postorino S,et al. Research on commercial honey in Italy. Melissopalynology, chemical,physico-chemical and organoleptic characteristics: Observations on honey produced in the 1989—1994 years[J]. Rivista di Scienza dell'Alimentazione,1997,26(1):13-42.

114. Ramalho M,Guibu L S,Giannini T C,et al. Charac-

terization of some Southern Brazilian honey and bee plants through pollen analysis[J]. Journal of Apicultural Research,1991,30(2):81-86.

115. Ramanujam C G K,Kalpana T P. Microscopic analysis of honeys from a coastal district of Andhra Pradesh,India[J]. Review of Palaeobotany and Palynology,1995,89:469-480.

116. Ramirez-Arriaga E, Amelia Navarro-Calvo L, Diaz-Carbajal E. Botanical characterisation of Mexican honeys from a subtropical region (Oaxaca) based on pollen analysis[J]. Grana,2011,50(1):40-54.

117. Ramos Iels,Ferreras C G. Pollen and sensorial characterization of different honeys from El Hierro (Canary Islands) [J]. Grana,2006,45(2):146-159.

118. Sabo M,Potocnjak M,Banjari I. Pollen analysis of honeys from Varazdin County,Croatia[J]. Turkish Journal of Botany,2011,35(5):581-587.

119. Sajwani A,Farooq S A,Patzelt A,et al. Melissopalynological studies from Oman [J]. Palynology, 2007,31:63-79.

120. Sajwani A,Farooq S A,Patzelt A,et al. Melissopalynological studies from Oman [J]. Palynology,

2007,31:63-79.

121. Salonen A, Ollikka T, Gronlund E. Pollen analyses of honey from Finland[J]. Grana, 2009, 48(4):281-289.

122. Seijo M C, Aira M J, Iglesias I, et al. Palynological characterization of honey from La-Coruna Province (NW Spain) [J]. Journal of Apicultural Research, 1992, 31(3-4):149-155.

123. Seijo M C, Jato M V, Aira M J, et al. Unifloral honeys of Galicia (North-West Spain) [J]. Journal of Apicultural Research, 1997, 36(3-4):133-140.

124. Seijo M C, Jato M V. Distribution of Castanea pollen in Galician honeys (NW Spain) [J]. Aerobiologia, 2001, 17:255-259.

125. Sekine E S, Toledo V A A, Caxambu M G. Melliferous flora and pollen characterization of honey samples of *Apis mellifera* L., 1758 in apiaries in the counties of Ubirata and Nova Aurora, PR[J]. Anais da Academia Brasileira de Ciencias, 2013, 85(1):307-326.

126. Sereia M J, Alves E M, Toledo V A A. Physico-chemical characteristics and pollen spectra of organic

and non-organic honey samples of *Apis mellifera* L [J]. Anais da Academia Brasileira de Ciencias, 2011, 83(3): 1077-1090.

127. Sodre G D, Marchini L C, De Carvalho C A L, et al. Pollen analysis in honey samples from the two main producing regions in the Brazilian northeast [J]. Anais Da Academia Brasileira De Ciencias, 2007, 79: 381-388.

128. Song X Y, Yao Y F, Yang W D. Pollen analysis of natural honeys from the central region of Shanxi, North China [J]. PLoS One, 2012, 7 (11): 1-11 (e49545).

129. Terrab A, Pontes A, Heredia F J, et al. A preliminary palynological characterization of Spanish thyme honeys[J]. Botanical Journal of the Linnean Society, 2004, 146(3): 323-330.

130. Upadhyay D, Bera S. Pollen spectra of natural honey samples from a coastal district of Orissa, India[J]. Journal of Apicultural Research, 2012, 51(1): 10-22.

131. Valle A, Andrada A, Aramayo E, et al. Honeys from the plains surrounding the Sistema Ventania Mountains, Argentine [J]. Investigacion Agraria Produc-

cion y Proteccion Vegetales, 2001, 16(3): 343-354.

132. Villanuevag R. Nectar sources of European and Africanized honey-bees (*Apis mellifera* L.) in the Yucatan Peninsula, Mexico[J]. Journal of Apicultural Research, 1994, 33(1): 44-58.

133. Vit P, Dalbore G R. Melissopalynology for stingless bees (Apidae, Meliponinae) from Venezuela[J]. Journal of Apicultural Research, 1994, 33(3): 145-154.

134. Wodehouse R P. Pollen grains[M]. New York: Hafner, 1935.

135. Yao Y F, Bera S, Wang Y F, et al. Nectar and pollen sources for honeybee (*Apis cerana cerana* Fabr.) in Qinglan mangrove area, Hainan Island, China[J]. Journal of Integrative Plant Biolology, 2006, 48(11): 1266-1273.

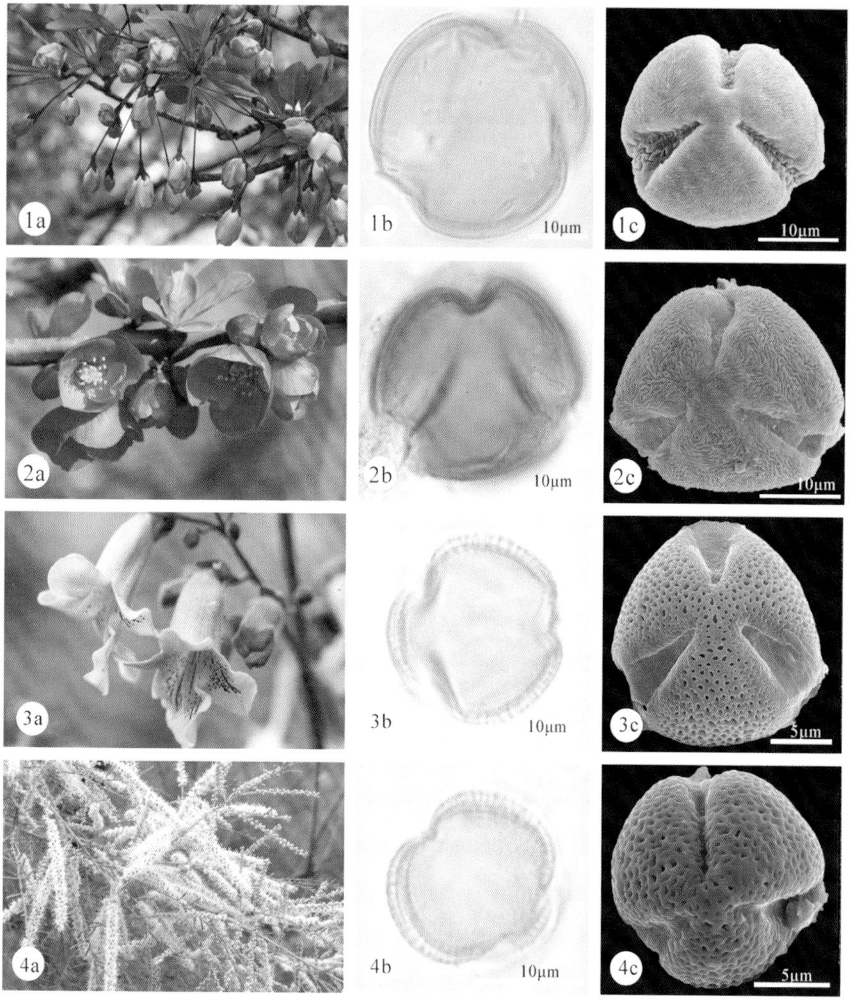

图版Ⅰ 山西部分蜜源植物花粉形态

1a, 1b, 1c. 垂丝海棠（*Malus halliana* Koehne.），2a, 2b, 2c. 贴梗海棠（*Chaenomeles speciosa* (Sweet) Nakai），3a, 3b, 3c. 泡桐（*Paulownia fortunei* Hemsl.），4a, 4b, 4c. 柽柳（*Tamarix chinensis* Lour.） 1b, 2b, 3b, 4b. 极面观（光学镜） 1c, 2c, 3c, 4c. 极面观（扫描电镜）

图版II　山西部分蜜源植物花粉形态

1a, 1b, 1c. 百里香（*Thymus mongolicus* Ronn.），2a, 2b, 2c. 荆条（*Vitex negundo* var. *heterophylla* (Franch.) Rehd.），3a, 3b, 3c. 芝麻（*Sesamum indicum* L.），4a, 4b, 4c. 油菜（*Brassica campestris* L.） 1b, 2b, 3b, 4b. 极面观（光学镜），1c, 2c, 3c, 4c. 赤道面观（光学镜）

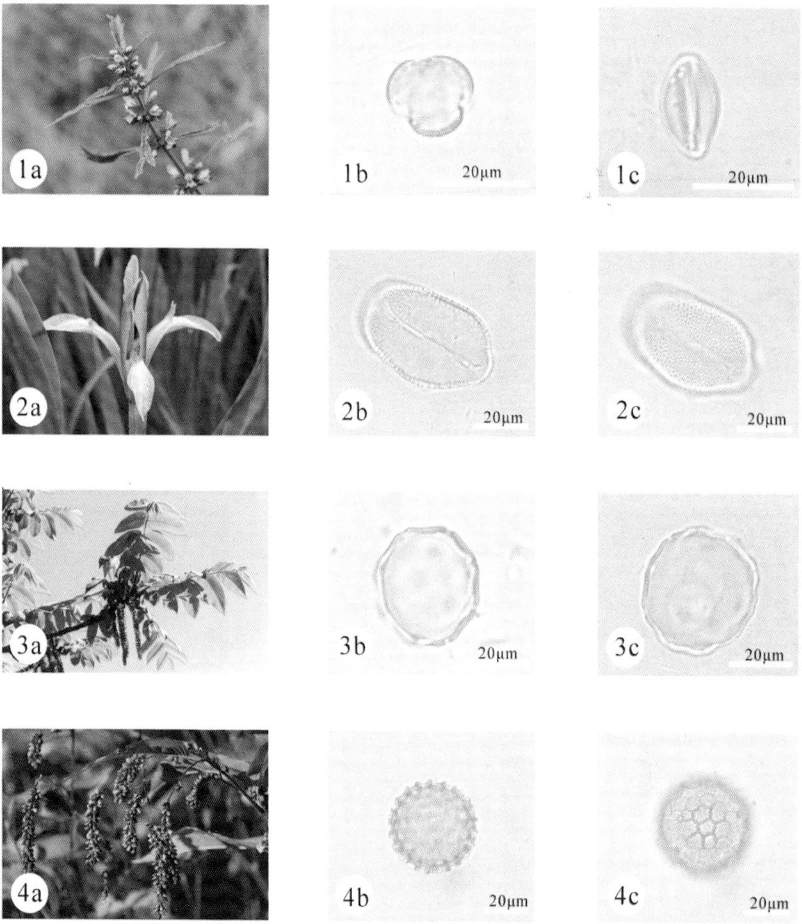

图版III　山西部分蜜源植物花粉形态

1a, 1b, 1c. 益母草（*Leonurus heterophyllus* Sweet.）， 2a, 2b,2c. 马蔺（*Iris lactea* var. *chinensis* Thunb.）， 3a, 3b, 3c. 核桃（*Juglans regia* L.）， 4a, 4b, 4c. 红蓼（*Polygonum orientale* L.） 1b, 3b,3c, 4b, 4c. 极面观（光学镜）, 1c, 2b, 2c. 赤道面观（光学镜）

图版Ⅳ　山西部分蜜源植物花粉形态

1a, 1b, 1c. 田旋花（*Convolvulus arvensis* L.）, 2a, 2b, 2c. 蜀葵（*Althaea rosea* (Linn.) Cavan.）, 3a, 3b, 3c. 柳叶菜（*Epilbium hirsutum* Linn.）, 4a, 4b, 4c. 石竹（*Dianthus chinensis* L.）1b, 2b, 3b, 4b. 极面观（光学镜） 1c, 2c, 3c, 4c. 极面观（扫描电镜）

图版Ⅴ　山西部分蜜源植物花粉形态

1a，1b，1c．棉花（*Gossypium* spp.），2a，2b，2c．板栗（*Castanea mollissima* Blume.），　3a，3b，3c．栾树（*Koelreuteria paniculata* Laxm.），4a，4b，4c．文冠果（*Xanthoceras sorbifolia* Bunge.）　1b，3b，4b．极面观（光学镜），1c，3c，4c．极面观（扫描电镜），2b，2c．赤道面观（光学镜和扫描电镜）

图版Ⅵ　山西部分蜜源植物花粉形态

1a, 1b, 1c. 山楂(*Crataegus pinnatifida* Bge.), 2a, 2b, 2c. 紫丁香（*Syringa oblata* Lindl.）, 3a, 3b, 3c. 黑枣（*Diospyros lotus* L.）, 4a, 4b, 4c. 西府海棠（*Malus micromalus* Makino.） 1b, 2b, 3b, 4b. 极面观（光学镜）, 1c, 3c, 4c. 极面观（扫描电镜）, 2c. 赤道面观（扫描电镜）

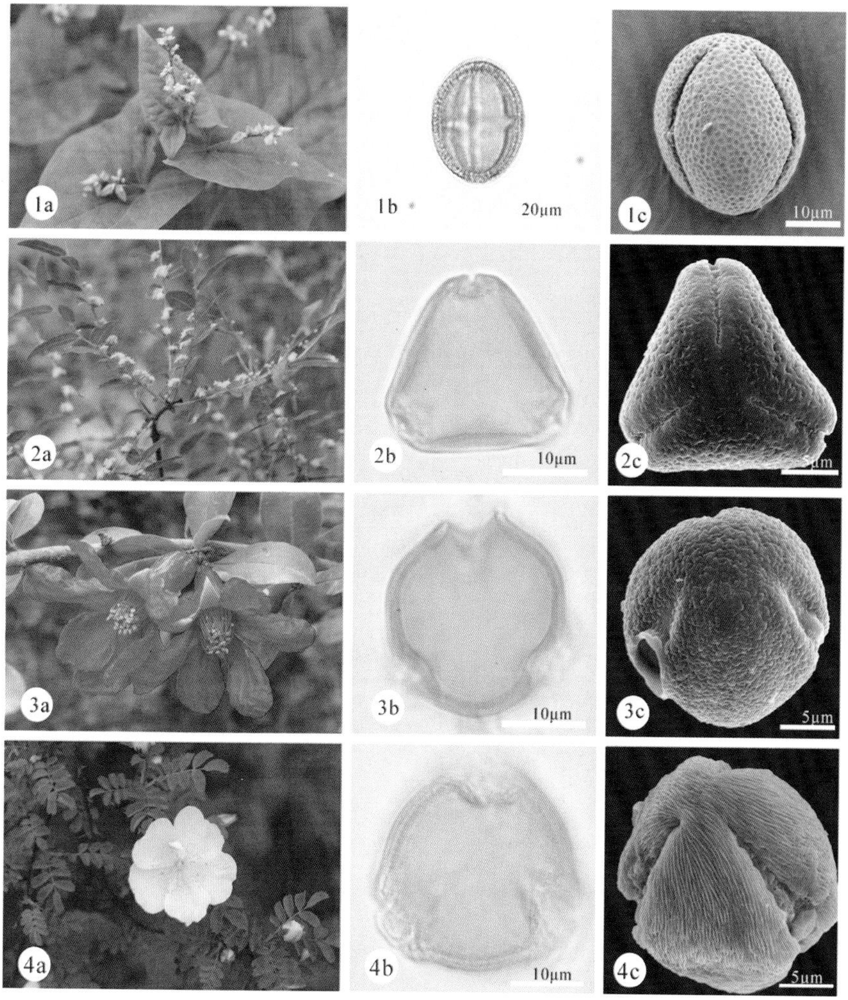

图版Ⅶ　山西部分蜜源植物花粉形态

1a, 1b, 1c. 荞麦（*Fagopyrum esculentum* Moench.）, 2a, 2b, 2c. 酸枣（*Ziziphus jujuba* var. *spinosa* (Bunge) Hu ex H.F.Chow.）, 3a, 3b, 3c. 石榴（*Punica granatum* L.）, 4a, 4b, 4c. 黄蔷薇（*Rosa hugonis* Hemsl.）1b, 1c. 赤道面观（光学镜和扫描电镜）, 2b, 3b, 4b. 极面观（光学镜）, 2c, 3c, 4c. 极面观（扫描电镜）

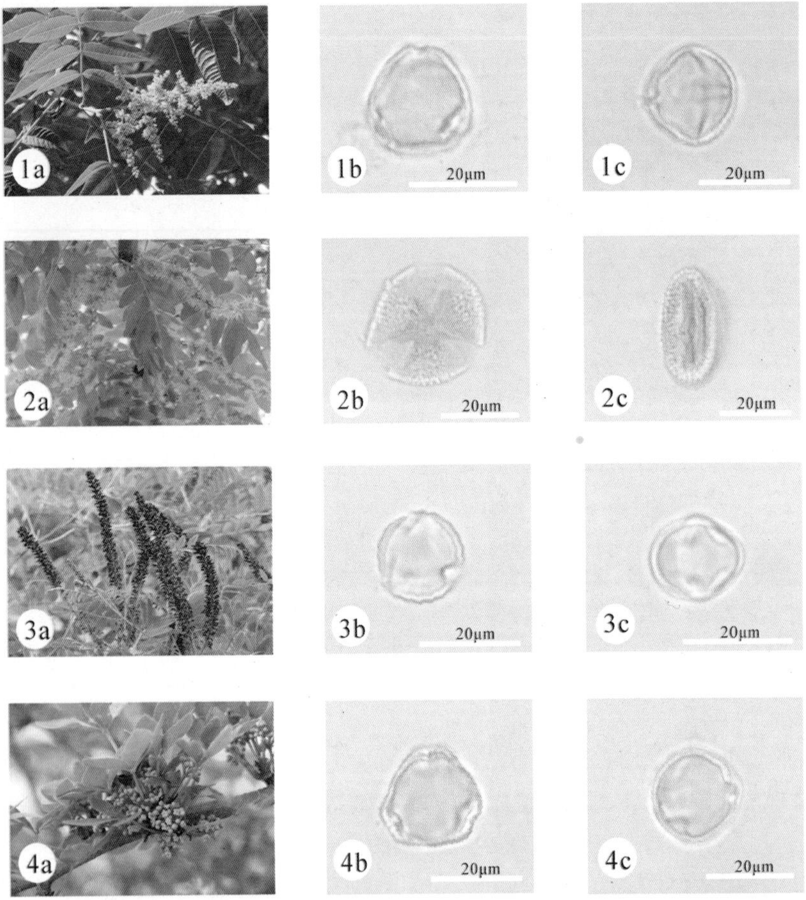

图版Ⅷ　山西部分蜜源植物花粉形态

1a, 1b, 1c. 青麸杨（*Rhus potaninii* Maxim.），2a, 2b, 2c. 山皂荚（*Gleditsia japonica* Miq.），3a, 3b, 3c. 紫穗槐（*Amorpha fruticosa* L.），4a, 4b, 4c. 五加（*Acanthopanax gracilistylus* W. W. Smith.）1b, 2b, 3b, 4b. 极面观（光学镜），1c, 2c, 3c, 4c. 赤道面观（光学镜）

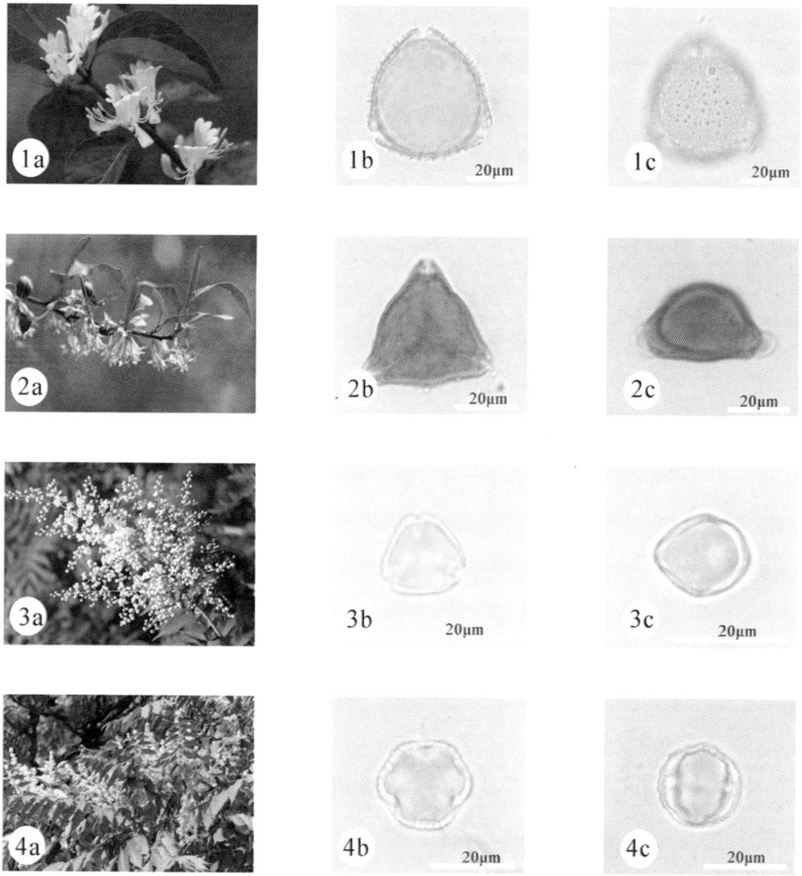

图版Ⅸ　山西部分蜜源植物花粉形态

1a, 1b, 1c. 金银忍冬（*Lonicera maackii*（Rupr.）Maxim.）， 2a, 2b, 2c. 牛奶子（*Elaeagnus umbellate* Cheng.）， 3a, 3b, 3c. 华北珍珠梅（*Sorbaria kirilowii*（Regel）Maxim.）， 4a, 4b, 4c. 臭椿（Ailanthus altissima（Mill.）Swingle）　1b, 1c, 2b, 3b, 4b. 极面观（光学镜）， 2c, 3c, 4c. 赤道面观（光学镜）

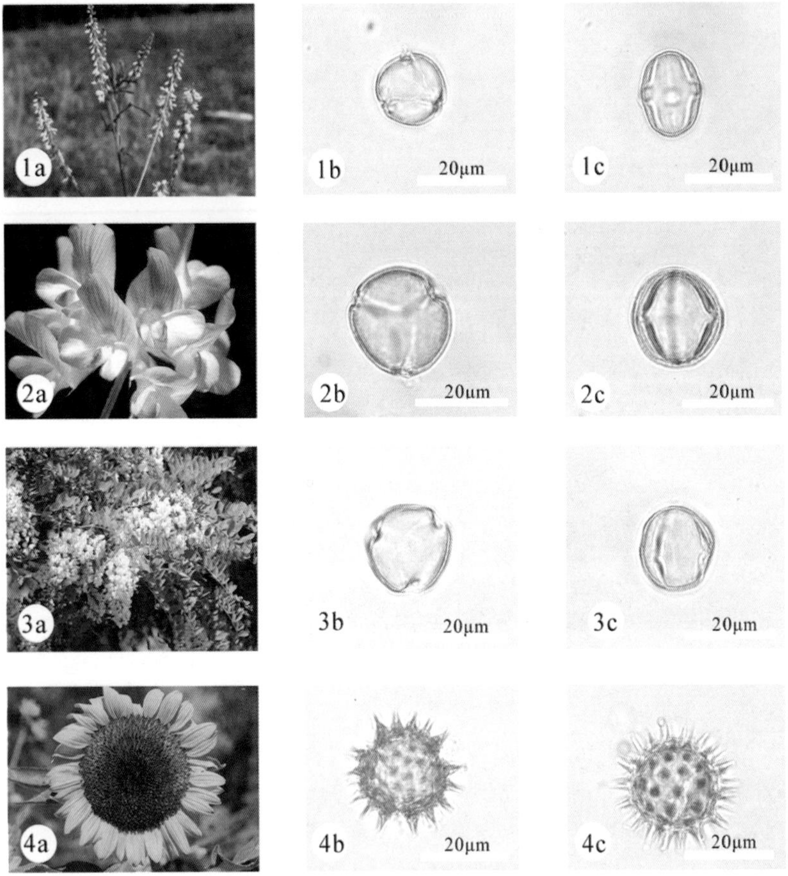

图版X　山西部分蜜源植物花粉形态

1a，1b，1c. 草木樨（*Melilotus suaveolens* Ledeb.），2a，2b，2c. 紫苜蓿（*Medicago sativa* L.），3a，3b，3c. 刺槐（*Robinia pseudoacacia* L.），4a，4b，4c. 向日葵（*Helianthus annuus* L.）1b，2b，3b，4b. 极面观（光学镜），1c，2c，3c，4c. 赤道面观（光学镜）

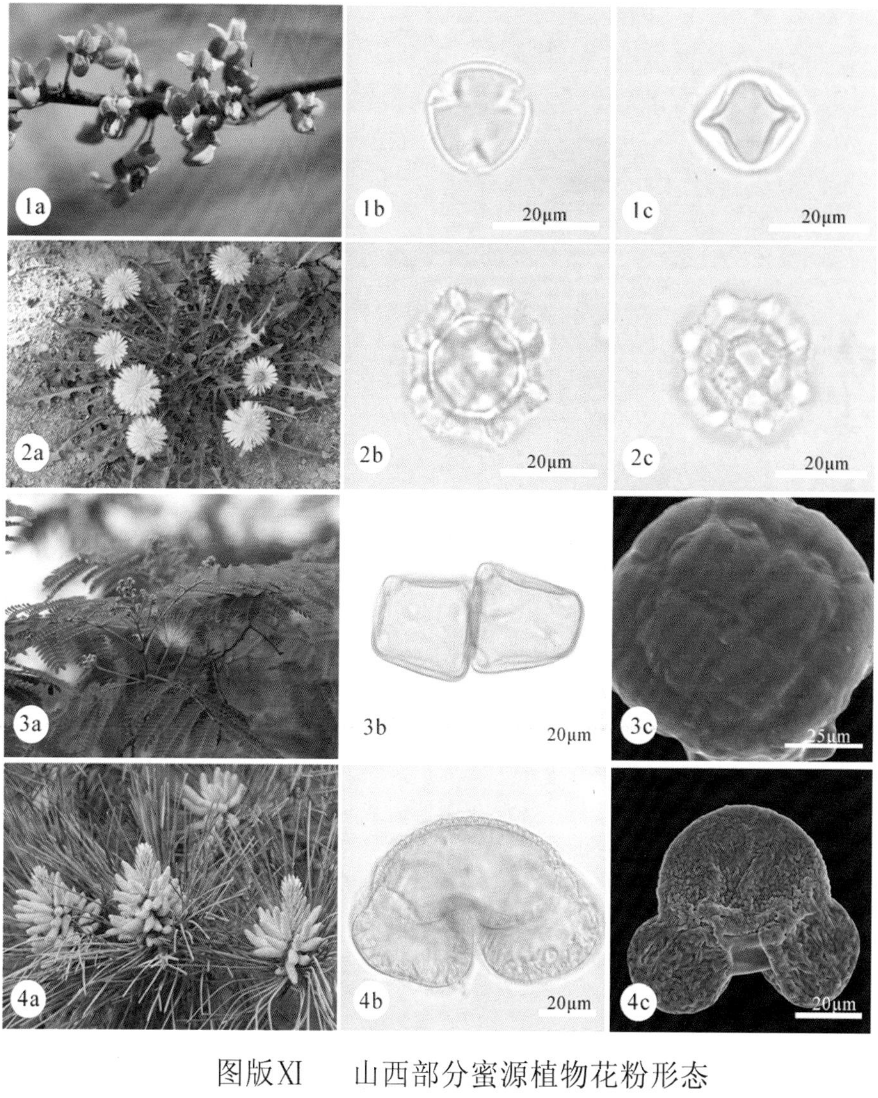

图版XI　山西部分蜜源植物花粉形态

1a, 1b, 1c. 紫荆（*Cercis chinensis* Bunge.），2a, 2b, 2c. 蒲公英（*Taraxacum mongolicum* Hand. Mazz.），3a, 3b, 3c. 合欢（*Albizia julibrissin* Durazz.），4a, 4b, 4c. 油松（*Pinus tabulaeformis* Carr.），1b, 2b, 2c, 3b. 极面观（光学镜），1c. 赤道面观（光学镜），3c. 极面观（扫描电镜），4b, 4c. 赤道面观（光学镜和扫描电镜）

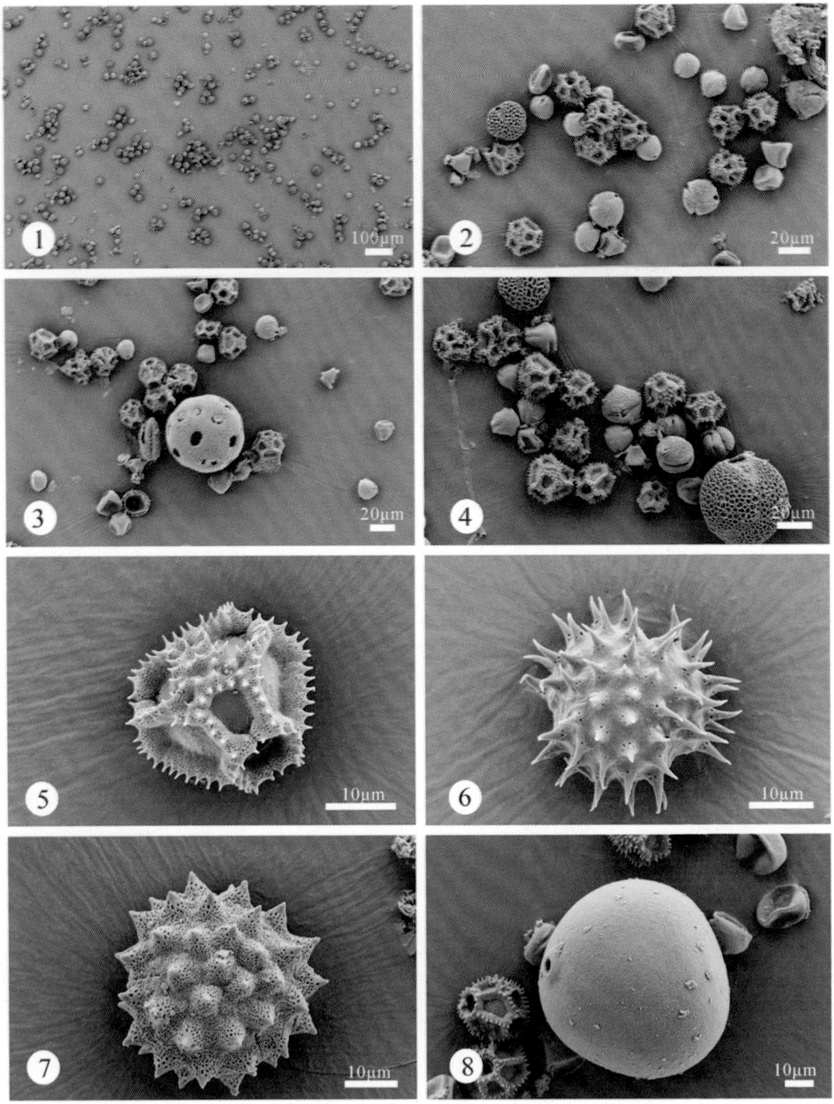

图版Ⅻ　山西蜂蜜花粉扫描电镜下形态

1. 蜂蜜花粉整体形态，2,3,4. 蜂蜜花粉局部放大，5. 蒲公英（*Taraxacum officinale*），6. 向日葵（*Helianthus annuus*），7. 菊科（Asteraceae），8. 禾本科（Poaceae）

图版XIII　山西蜂蜜花粉扫描电镜下形态

1. 蔷薇科（Rosaceae），2. 枣（*Ziziphus jujuba*），3. 荆条（*Vitex negundo* var. *heterophylla*），4 伞形科（Apiaceae，5. 李属（*Prunus* sp.）（赤道面观），6. 左：枣，右：李属（极面观）7. 十字花科（Brassicaceae），8. 豆科（Fabaceae）

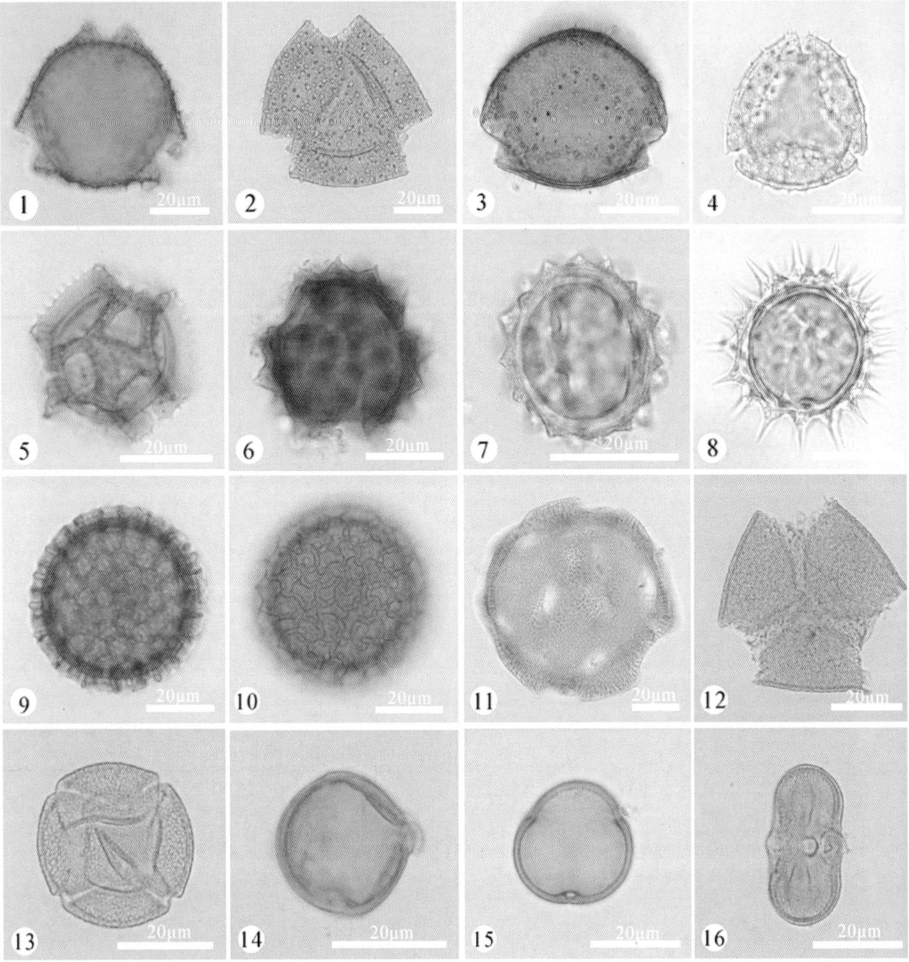

图版XIV　山西蜂蜜花粉光学镜下形态

1-4. 忍冬科（Caprifoliaceae），5-8. 菊科（Asteraceae），9，10. 蓼属（*Polygonum* sp.），11. 旋花科（Convolvulaceae），12. 豆科（Fabaceae），13 酸模属（*Rumex* sp.），14. 刺槐（*Robinia pseudoacacia*），15. 未鉴定，16. 伞形科（Apiaceae）

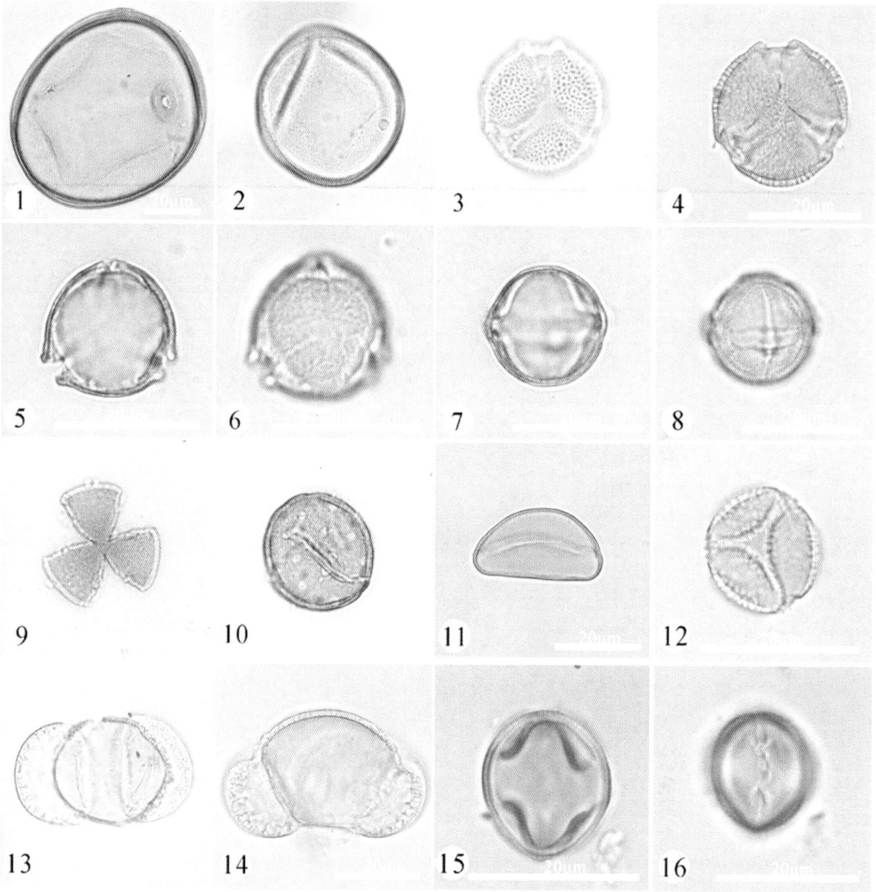

图版XV　山西蜂蜜花粉光学镜下形态

1，2. 禾本科（Poaceae），3，4. 茜草科（Rubiaceae），5-8. 大戟科（Euphorbiaceae），9. 豆科（Fabaceae），10. 核桃（*Juglans regia*），11. 葱属（*Allium* sp.），12. 龙胆科（Gentianacea，13，14. 松属（*Pinus* sp.），15，16. 梨属（*Pyrus* sp.）

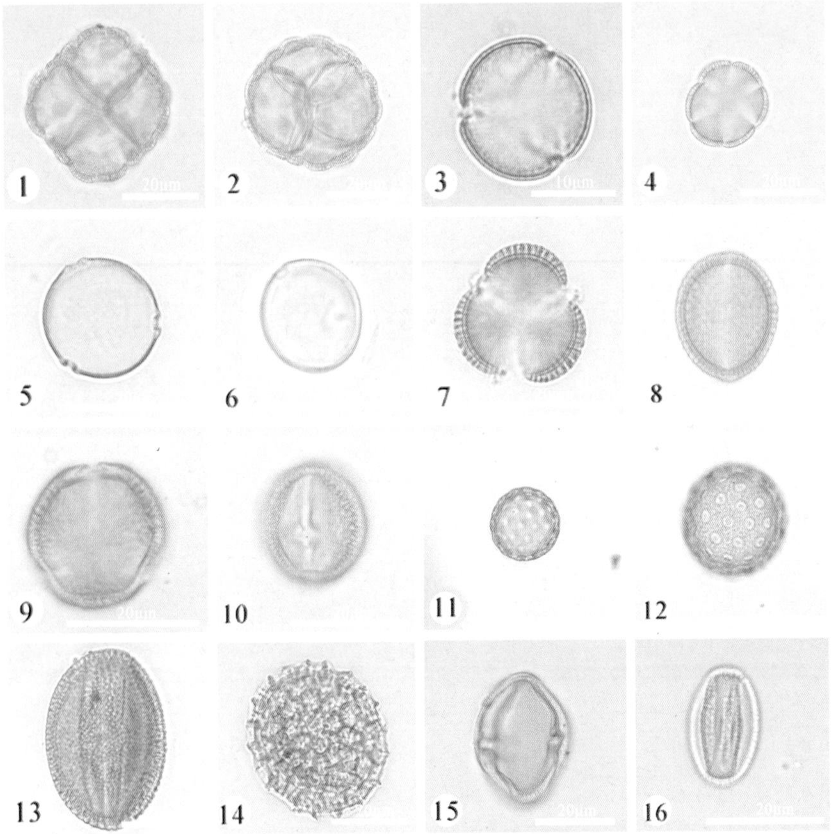

图版XVI　山西蜂蜜花粉光学镜下形态

1，2. 梓树（*Catalpa ovata*），3. 毛茛科（Ranunculaceae），4. 唇形科（Lamiaceae），5，6. 葎草属（*Humulus* sp.），7，8. 十字花科（Brassicaceae），9，10. 臭椿（*Ailanthus altissima*），11，12. 藜科（Chenopodiaceae），13. 荞麦（*Fagopyrum esculentum*），14. 蓼属（*Polygonum* sp.），15. 盐肤木属（*Rhus* sp.），16. 柳属（*Salix* sp.）

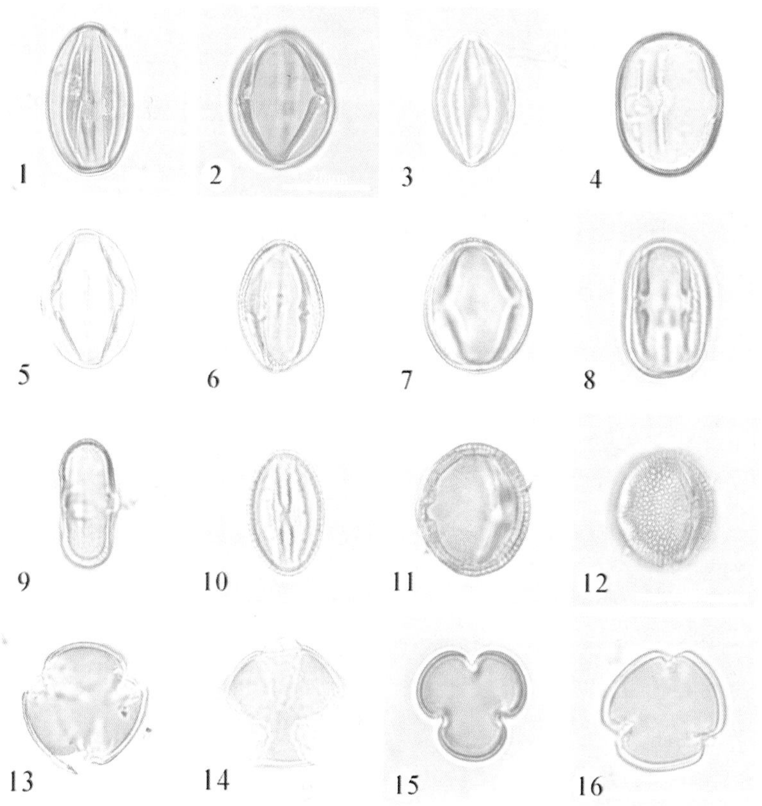

图版XⅦ　山西蜂蜜花粉光学镜下形态

1. 茄科（Solanaceae）,2. 苹果属（*Malus* sp.）,4. 草木樨属（*Melilotus* sp.）,6. 皂荚属（*Gleditsia* sp.）, 3,5,7. 未鉴定， 8. 柯属（*Lithocarpus* sp.）,9. 伞形科（Apiaceae）, 10. 大风子科（Flacourtiaceae）,11, 12. 茜草科（Rubiaceae）, 13,14. 蔷薇属（*Rosa* sp.）,15. 唇形科（Lamiaceae）,16. 玄参科（Scrophulariaceae）

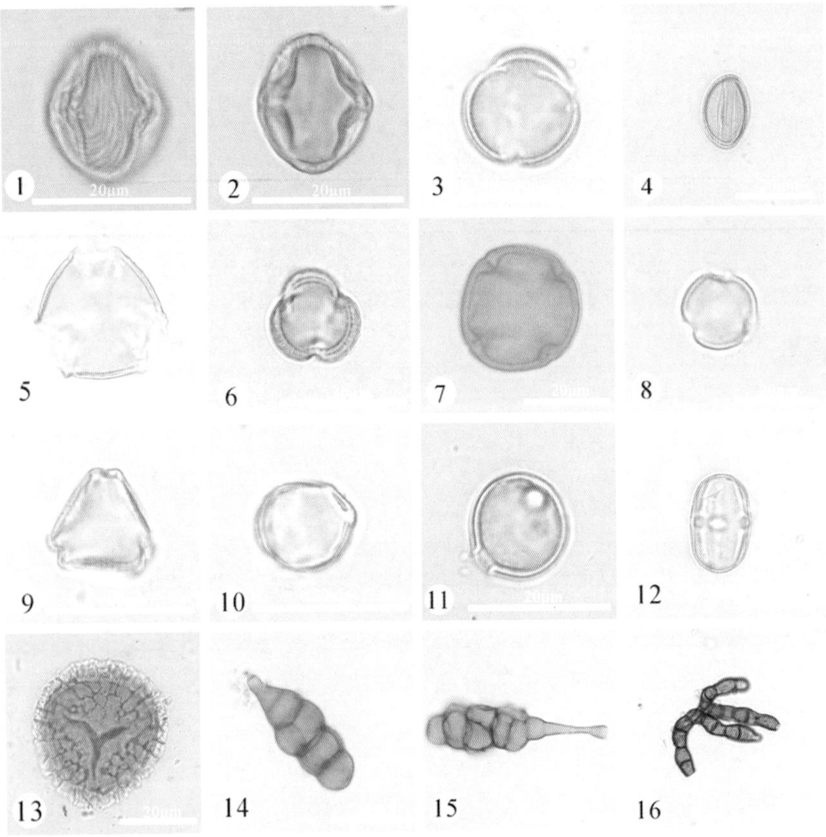

图版XVIII　山西蜂蜜花粉光学镜下形态

1,2. 李属（*Prunus* sp.）,3,4. 荆条（*Vitex negundo* var. *heterophylla*）, 5. 蔷薇科（Rosaceae）, 6. 蒿属（*Artemisia* sp.）,7. 楝科（Meliaceae）, 8. 国槐（*Sophora japonica*）9, 10. 枣（*Ziziphus jujuba*）, 11. 大豆（*Glycine max*）, 12. 草木樨（*Melilotus suaveolens*）, 13. 石松属（*Lycopodium* sp.）,14,15,16. 真菌孢子（Fungi spore）

山西省蜜源植物花粉形态与蜂蜜孢粉学研究

附 表

花粉类型	H1	H2	H3	H4	H5	H6	H7	H8	H9	H10	H
虫媒类型											
漆树科(Anacardiaceae)											
黄栌属(*Cotinus* sp.)	1.00							5.66	1.07		
盐肤木属(*Rhus* sp.)					2.76						
伞形科(Apiaceae)											
伞形科(Apiaceae)		0.20					0.47				
五加科(Araliaceae)											
五加科(Araliaceae)			0.20			4.55					
菊科(Asteraceae)											
蒿属(*Artemisia* sp.)		0.20			0.20			0.20	0.27	1.02	
菊科其他类型(Other Asteraceae)			1.60						0.13		16.
蒲公英(*Taraxacum mongolicum*)	0.40			8.36	0.39	3.23	6.61			5.26	
桦木科(Betulaceae)											
桦木属(*Betula*)											
紫葳科(Bignoniaceae)											
梓树(*Catalpa ovata*)										23.77	0.
猫尾树属(*Markhamia* sp.)									0.54		
十字花科(Brassicaceae)											
芸薹属(*Brassica*)											
十字花科其他类型(Other Brassicaceae)				9.25	0.59	8.21	3.78		0.27	10.19	9.
忍冬科(Caprifoliaceae)											
金银忍冬(*Lonicera maackii*)				0.15	0.39		0.16		0.94		0.
接骨木属(*Sambucus* sp.)										3.74	
旋花科(Convolvulaceae)											
田旋花(*Convolvulus arvensis*)		0.20		6.12							
旋花科其他类型(Other Convolvulaceae)											

样品编号

H12	H13	H14	H15	H16	H17	H18	H19	H20	H21	H22	H23	H24	H25	H26	H27
			0.70								1.3				
		8.05		2.97					1.2	1.6	8.0	6.7	0.4	0.6	0.5
				0.52											
7.16		0.19													
0.19			2.26			0.16									
11.80			0.35							0.5					
1.16	2.91	1.53	3.48		15.20	61.01	69.08	0.2			0.7	1.1			
0.58	1.94		18.47	0.17	77.40	28.21	13.74	5.7	0.5	3.1	2.0	3.3			
		4.21			2.80						2.0	13.3			
								2.1							
								1.1			4.6				
								0.4							
											0.2				
									1.0						
4.26															
			0.87	2.79											

续附表

花粉类型	H1	H2	H3	H4	H5	H6	H7	H8	H9	H10	H
胡桃科(Juglandaceae)											
核桃(*Juglans regia*)			0.20								
唇形科(Laminaceae)											
唇形科(Lamiaceae)			0.20	0.60	0.59				1.47		
百合科(Liliaceae)											
葱属(*Allium* sp.)				0.90			5.51				
百合属(*Lilium* sp.)										3.06	0.
木兰科(Magnoliaceae)											
木兰属(*Magnolia* sp.)						0.73	0.31				
锦葵科(Malvaceae)											
锦葵科(Malvaceae)								0.40			
楝科(Meliaceae)											
楝科(Meliaceae)				0.15							
桑科(Moraceae)											
葎草属(*Humulus* sp.)		0.40	1.80	2.99	0.59		0.16	0.20		0.17	0.
杨梅科(Myricaceae)											
杨梅属(*Myrica* sp.)						0.15					
木樨科(Oleaceae)											
丁香属(*Syringa* sp.)		0.20	7.60	1.04							
蓼科(Polygonaceae)											
荞麦(*Fagopyrum esculentum*)			0.20			0.15					
蓼属(*Polygonum* sp.)		0.40	0.20								
大黄属(*Rheum* sp.)											0.

样品编号

H12	H13	H14	H15	H16	H17	H18	H19	H20	H21	H22	H23	H24	H25	H26	H27
10.25	92.44	0.96	1.92	64.75			1.91	9.5	14.2		36.3	0.6	35.4	5.9	49.3
41.78															
			7.14		1.40	7.13	5.15	0.4		17.4	8.4	17.2		12.7	0.3
								9.3							
		25.48	0.70					0.2							
								0.4				0.9			
		0.38	0.17				0.38					0.7		0.5	
											4.9				
						2.06		10.5		28.4	3.5	0.9		35.0	0.2
								34.2							
								5.7							

续附表

花粉类型	H1	H2	H3	H4	H5	H6	H7	H8	H9	H10	H
椴树科(Tiliaceae)											
椴树属(*Tilia* sp.)											0.
榆科(Ulmaceae)											
榆属(*Ulmus* sp.)		0.40									
马鞭草科(Verbenaceae)											
马鞭草科(Verbenaceae)			3.20								
荆条(*Vitex negundo* var. *heterophylla*)			63.60								9.
葡萄科(Vitaceae)											
葡萄(*Vitis vinifera*)											
风媒类型											
藜科(Chenopodiaceae)											
藜科(Cheonpodiaceae)			2.60		0.20	0.29					0.
莎草科(Cyperaceae)											
莎草科(Cyperaceae)											0.

6

样品编号															
H12	H13	H14	H15	H16	H17	H18	H19	H20	H21	H22	H23	H24	H25	H26	H27
0.19		0.38		0.17				0.2	0.3				0.3		
0.58		0.57		0.52				0.4				0.2			
1.16		0.19													
20	8	21	17	21	8	9	14	21	10	12	21	17	9	16	11
14	8	17	16	17	8	9	13	19	9	12	21	16	8	15	11
5	—	3	—	3	—	—	1	2	1	0	0	1	1	1	0
2.71	—	0.38	0.35	0.35	—	—	—	1.3	1.2		2.6	1.1	0.3	0.3	2.7
9	6	12	12	13	6	6	11	13	8	7	15	12	8	13	9
5	—	3	—	3	—	—	1	2	1	0	0	1	1	1	0
14	6	15	12	16	6	6	12	15	9	7	15	13	9	14	9
0.008	0.025	0.006	0.016	0.017	0	0	0	0.006	0.028	0.021	0.013	0	0.004	0	0.005